编委会

气，你就输一辈子

杨 敬 编著

成都时代出版社
CHENGDU TIMES PRESS

图书在版编目（CIP）数据

气，你就输一辈子 / 杨敬编著 .-- 成都：
成都时代出版社，2018. 8
ISBN 978-7-5464-1914-5
Ⅰ .①气… Ⅱ .①杨… Ⅲ .①人生哲学—通俗读物
Ⅳ .① B821-49
中国版本图书馆 CIP 数据核字（2017）第 163329 号

气，你就输一辈子
QI NIJIUSHUYIBEIZI

杨敬　编著

出 品 人	石碧川
责任编辑	李　林
责任校对	樊思岐
装帧设计	范　磊
责任印制	唐莹莹
出版发行	成都时代出版社
电　　话	（028）86618667（编辑部）
	（028）86615250（发行部）
网　　址	www.chengdusd.com
印　　刷	三河市祥达印刷包装有限公司
规　　格	880mm×1230mm　1 / 32
印　　张	8
字　　数	220 千字
版　　次	2018 年 8 月第 1 版
印　　次	2018 年 8 月第 1 次印刷
印　　数	1-8000
书　　号	ISBN 978-7-5464-1914-5
定　　价	39.80 元

前　言

我一个亲人，特别爱生气：看别人家的庄稼比自己的庄稼长得好，生气；看别人家的孩子比自己的孩子听话，生气；看别人家的老公比自己的老公能干，生气。结果不到四十岁，就得了不治之症，去世了，丢下一双儿女。

一个好友，十多年前，身体总是不好，莫名其妙得了"甲亢"的毛病，成天心慌手抖，腿软得爬不动楼梯。那时候她才三十多岁。后来我发现"莫名其妙"这个词用得不对。她的病是"气"出来的。因为夫妻不和，婆媳不睦，同事关系处不好，领导又看不上她，心情抑郁，导致这个病反复发作，差点酿成心脏病。

为什么最后没有变成心脏病呢？因为她看开了，豁达了，不再气了。

所以那句话很有道理：任何身体上的病痛，其实都是心理和情绪上的疾病的外化表现。心先病了，身体才会病。

心的病，大多都是气出来的。

听说过那段民谣吗？"人家骑马我骑驴，我比人家我不如。回头看一看，还有挑脚汉。比上不足，比下有余。"之所以有这段民谣，是因为世上有太多爱生气的人。骑驴的人看人家骑马，气；挑脚汉看人家骑驴，也气。过日子不肯往下比，一定要往上比，结果抬头一看，嚯，头顶上密密麻麻那么多人都比自己强，气得要死，结果真死了。

人比人，气死人。

我们整天被一个"气"字包围：理想不能实现，气；被骗子坑蒙拐骗，气；被人不尊重、不理解，气；身体和心灵受伤害，气。气父母，气朋友，气爱人，气子女，气环境，气世界。气来气去，世界还好好的，自己不是气得要死就是真的气死。

就算没有被气死，成天背着"气口袋"，日子过得有什么意思？

赵朴初先生九十二岁时写了一首"宽心谣"："日出东海落西山，愁也一天，喜也一天；遇事不钻牛角尖，身也舒坦，心也舒坦；每月领取养老钱，多也喜欢，少也喜欢；少荤多素日三餐，粗也香甜，细也香甜；新旧衣服不挑拣，好也御寒，赖也御寒；常与知己聊聊天，古也谈谈，今也谈谈；内孙外孙同样看，儿也心欢，女也心欢；全家老少互慰勉，贫也相安，富也相安；早晚操劳勤锻炼，忙也乐观，闲也乐观；心宽体健养天年，不是神仙，胜似神仙。"

说白了，就是心宽才能体健，心宽才能逍遥赛神仙。本书精选的近百篇美文，就相当于给读者念了一曲抑扬顿挫的宽心谣，抟了一丸酸甜苦辣的顺气丹。

闫荣霞

目　录

第一辑 ● ● ●
　　莫生气，别和自己过不去

黛玉错过多少美　　　　　　　　　　　凉月满天 / 2

闷闷不乐的杰姆　　　　　　　　　　　朱成玉 / 5

大脚姑娘搜鞋记　（美）玛莉·凯斯顿　庞启帆　编译 / 8

少年酒　　　　　　　　　　　　　　　许冬林 / 12

从狂奔的列车上走下来　　　　　　　　张诗雨 / 15

守　望　　　　　　　　　　　　　　　庄　学 / 18

默克尔：正确对待嘲讽　　　　　　　　张金玲 / 21

做棵永远成长的苹果树　　　　　　　　山水梅子 / 24

给生活一张漂亮的脸　　　　　　　　　西　风 / 26

就是不生气　　　　　　　　　　　　　顾晓蕊 / 29

第二辑 ····
不做傻人，勿拿别人的错误惩罚自己

生活的正面和背面   老玉米 / 34

哪一粒种子，不会将春天遗忘   安 宁 / 38

把侮辱当个笑话   余毛毛 / 42

斧子伤不到天空   侯兴锋 / 44

抢座位的胖小子   王 磊 / 46

有一种幸福叫"不知道"   瘦尽灯花 / 50

谁也无法优雅地黑   西 风 / 53

把人渣当做垫脚石   朱成玉 / 57

有一个玩笑叫伤害   崔修建 / 60

清高不是天外飞仙   张诗雨 / 63

快乐是节约出来的   澜 涛 / 66

原谅少年卑微的乞求   安 宁 / 68

有爱抱怨的父母，就有爱抱怨的孩子   孙道荣 / 72

第三辑 ····
愤怒从愚蠢开始，以后悔告终

生气需要排解，冲动只会自毁   蔡 践 / 78

小鸡肚肠的书圣   嵇振颉 / 82

无法预料   李伶伶 / 85

生气是慢性毒药　　　　　　　　　　　少　恒 / 88

那年，那事　　　　　　　　　　　　　水玉兰 / 92

欠你一场爱　　　　　　　　　　　　　安　宁 / 95

只当他们不存在　　　　　　　　　　　李红都 / 99

自得其乐才是真快乐　　　　　　　　　张旭辉 / 102

别把自己当"爷"　　　　　　　　　　刘代领 / 105

用纯净透明的眼睛看世界　　　　　　　张诗雨 / 107

第四辑 • • •

忍一时之气，免百日之忧

请息怒　　　（印度）桑迪·马恩　孙开元　编译 / 112

你能忍多久　　　　　　　　　　　　　薛臣艺 / 115

美丽的武器　　　　　　　　　　　　　金明春 / 117

没有一件事是不幸运的　　　　　　　瘦尽灯花 / 119

可以没有爱　　　　　　　　　　　　　澜　涛 / 123

不是所有的PK，都有公平的规则　　　安　宁 / 126

懂得忍让，方能避祸　　　　　　　　　若　蝶 / 129

超市里的哲学家　　　　　　　　　　　王　磊 / 131

你若盛开，清风自来　　　　　　　　　曾少令 / 134

吞下了委屈，喂大了格局　　　　　　　张金玲 / 137

悔　　　　　　　　　　　　　　　　三杯绿茶 / 140

第五辑 ...

把事看淡些，就没什么值得生气

驯服苦难这匹烈马　　　　　　　　　　朱成玉 / 144

阿巴斯给你甜美的樱桃　　　　　　　　安　宁 / 147

活给自己看　　　　　　　　　　　　　朱旺根 / 151

自净其心　　　　　　　　　　　　　　曾少令 / 154

山有木兮木有枝　　　　　　　　　　　凉月满天 / 157

春天不抛弃任何一朵花　　　　　　　　澜　涛 / 160

谦逊让人年轻　　　　　　　　　　　　杨文凭 / 163

她秀恩爱，我晒太阳　　　　　　　　　崔修建 / 165

宽恕是一种福分　　　　　　　　　　　崔鹤同 / 169

记德忘怨才是大境界　　　　　　　　　林玉椿 / 172

被抢走鱼山的猫能成佛　　　　　　　　西　风 / 175

拥有一颗坦然的心　　　　　　　　　　崔鹤同 / 178

第六辑 ...

要和气不要生气，大度笑对人生

最后一捆韭菜的快乐　　　　　　　　　金明春 / 182

老师的生活　　　　　　　　　　　　　鲁先圣 / 185

送一篮鸡蛋给邻居　　　　　　　　　　侯兴锋 / 188

我的敌人，我的朋友

　　　　　（美）达尔·吉尔科　孙开元　编译 / 191

点亮对手的灯　　　　　　　　　　　澜　涛 / 195

误　会　　　　　　　　　　　　　　杨文凭 / 197

张水的方式　　　　　　　　　　　　李伶伶 / 200

第七辑 . . .

赢取人生要争气，不要看破要突破

喜欢敌人的理由

　　　（澳大利亚）萨莎尔·杨　孙开元　编译 / 204

像农民，像米勒　　　　　　　　　　郭彦红 / 207

受过伤的小土豆　　　　　　　　　　张旭辉 / 210

把蹦床搬进地下洞穴　　　　　　　　李　静 / 214

争气永远比生气漂亮　　　　　　　　老玉米 / 217

只记着那些好　　　　　　　　　　　李红都 / 220

无法不对你残酷　　　　　　　　　　安　宁 / 223

问问！你到底有多少抱怨　　　　　　冯　梅 / 228

界外功夫　　　　　　　　　　　　　陈志宏 / 231

只是断了一根琴弦　　　　　　　　　崔修建 / 234

谁是那个设置障碍的人　　　　　　　刘玉秋 / 237

对手，我们的另一只翅膀　　　　　　澜　涛 / 241

第一辑

莫生气，别和自己过不去

黛玉错过多少美

● 凉月满天

林黛玉和薛宝钗的诗都作得极好，但两人气质不一样。黛玉是诗人，宝钗是哲人。

所谓诗人，一身瘦骨，倦倚西风，吐半口血，在侍儿搀扶下看秋海棠；一旦爱上什么，又得不到，就连命也不肯要。所谓哲人，沉默安详，花来了赏之，月出了对之，无花无月的时候珍重芳姿，即使白昼也深掩重门。不如意事虽然也多，多半一笑置之。

两者比较起来，黛玉就显得不幸，写出的诗也让人肝肠寸断。当然，也并非诗人都如此。

苏东坡平生遭际着实不幸，有感则发，不平就鸣，最终孑然一身，无论政敌执政还是同党专权都容他不得。但是，读苏东坡的诗，没有黛玉"不语婷婷日又昏"的凄恻哀怨，而是充满"大江东去，浪淘尽，千古风流人物"的豪迈，以及"一蓑烟雨任平生"的豁达。

"唯江上之清风，与山间之明月，耳得之而为声，目遇之而成色，取之无禁，用之不竭，是造物者之无尽藏也。"这种生活态度何等旷达！这固然和苏东坡粗犷的男性气质有关，但更在于他亦哲亦诗的"两栖"生活，或者二者中和的精神境界。他的哲学成为斗篷，成为拐杖，或者一眼清泉，一簇火苗，支撑他度过黑夜和风雨，甚至能在凄苦中找到一些乐子。比如"日啖荔枝三百颗"的闲适，比如用"富者不肯吃，贫者不解煮"的猪肉做成"东坡肉"的得意，再比如，在奇热无比的天气赶回家去，但山路弯弯总也走不完，他苦恼一秒旋即开解：其身如寄，哪里不是家不能随处坐卧休息呢？这样一想，赶路的心就淡了，索性欣赏起道旁的山景。

诗人敏感多思的触角，哲人随流任运的胸怀，二者完美结合，让他的一生过得坎坷而热闹，丰富而美好。

说到底，哲人的心态就在一个"不执著"，善于转换角度看待问题。

大多数"执著"诗意的人，对于世上的美丽，未见之先，有"好花不常开，好景不常在"的喟叹，见到之后，又为无法永久持有而心生悲戚。黛玉的痛苦，就来自这种"执著"之心。虽然她懂诗懂佛，却最是看不透，解不开。宝钗也懂诗，却把诗诙谐地比作"原从胡说来"，也懂佛，却把宝玉的偈子（佛经体裁之一，通常以四句为一偈）三把两把扯碎烧了。她同样际遇堪怜，但却始终处之泰然，淡然微笑，保持哲人的得体态度。

生活中多么需要这种豁达啊。

记得以前上班要穿过一段两旁是菜地的土路，坑坑洼洼、很是不平，但我乐在其中，提前一刻钟出门，一步一步慢慢摇，看天看地，看树看云，看两旁的菜地和沟渠里的清清流水。春天来了，小草稚拙娇憨地拱出地面，而农人一边间苗一边大声谈笑……

后来因为工作变动，我被迫改变了自己的上班路线。熟悉的一切都不复存在，取而代之的是拥挤的车流人群，是灰蒙蒙的冰凉楼房，让我莫名地烦躁。突然有一天，雾重霜浓，为杨柳披挂上一层银霜，路旁的衰草，也变成写意画里的金枝银条，美得让我倒抽一口气：以前为什么没有发现呢？这些树多美呀，像流云，像彩灯，像流苏连着玉坠。有一处叫做崔氏双节祠的老房子，灰墙黑瓦，院里一株树繁茂如同华盖，湿气氤氲，温婉寂寞地度过多年光阴，仍旧生气勃勃。

之前我就是太执著于心中之景，把时间浪费在怀念和凭吊上，才会忽视眼前风光！想来，还是东坡说得妙："凡物皆有可观。苟有可观，皆有可乐，非必怪奇伟丽者也。"

东坡既然懂得"两栖"生活，亦诗亦哲，当然深味幸福滋味。在他的眼里，"人生到处何所似，应似飞鸿踏雪泥。泥上偶然留指爪，鸿飞哪复计东西。"诗人的灵性让他君临万物，每处皆可娱目怡情，哲人的胸怀又让他没有贪念，任万物之美旋生旋灭，方死方生，笑看世事无常……

闷闷不乐的杰姆

●朱成玉

杰姆的脚有点小毛病，走起路来有些踮脚。为此，他整天闷闷不乐，什么都不肯去做，以酒为伴，穷困潦倒。对于他来说，每个明天都是黑色的。"该死的上帝！"他在心底怨恨着，"为什么要让我遭受这样的苦难？"

上帝的耳根子常常发热，因为每天晚上都要被杰姆咒骂几遍。上帝对身边的几个天使说："快去看看那个整天发牢骚的人，他吵得我吃不好睡不好。想想办法，怎么样才能让他快乐起来？好让我的耳根清静些。但有一点必须记住，不能改变他跛脚的现状，只可以适当地给他一些外在的帮助。"

一个天使给了他一顿丰盛的晚餐，还有一瓶上好的红酒。他吃饱喝足之后，拍拍肚皮，仍旧没有快乐起来。"该死的上帝！"他嘟囔着，"吃了这么好的晚餐，就该有个好地方睡觉。可我那个破家，到处乱糟糟。"

一个天使给了他一个住所，他住进去，窗明几净的屋子，仍然无法令他快乐起来。"该死的上帝！"他嘟囔着，"这么好的大房子，让我一个人孤单单地住着，真是令人伤感。"

一个天使给了他很多银子，让他娶了一个贤惠的妻子。妻子为他生了很多孩子，看着孩子们，他的眼神中闪过一丝欢愉，但很快就被他的哀愁淹没了。"该死的上帝！"他想，"这帮小兔崽子终究要长大，迟早得离开我，最后我还是一无所有。"

天使们一个个失望地回来。没办法，上帝他老人家只好亲自上场。他化妆成一个断了腿的人，并且瞎了眼睛，匍匐着来到杰姆面前。"老天，你怎么会如此可怜？"杰姆同情他说。"是啊，所以我需要你帮帮我。"上帝说，并装作有些疲惫不支的样子。"孩他娘，快做些好吃的来，再给他些银子，你看，他是个多可怜的人啊！"杰姆一边吩咐妻子，一边安慰上帝。杰姆快乐了，他没想到他还能帮助到别人。

可是这份快乐没有持续多久，杰姆便又陷入了令他欲罢不能的痛苦之中。"该死的上帝！"他继续咒骂道，"你怎么在人间撒下那么多苦难的种子啊？"

上帝的耳根始终无法清静，每天晚上都要被杰姆的咒骂折磨得辗转反侧，难以入睡。没几天，头顶就有些秃了。"该死的上帝！"他不禁自己也轻声骂道，并扔掉了胸前戴着的十字架，"为什么偏偏要选我当上帝？"

上帝决定和杰姆对换一下位置，让杰姆来当这个至高无上的上帝，自己去当那个整日牢骚满腹却也逍遥自在的杰姆。

"杰姆，我是上帝。我们来对换一下位置吧，我也让你享受一下天堂的荣光。"

"你怎么会是上帝？"杰姆嘲笑道，"你的胸前连个十字架都没有。"

"我真的是上帝，我向上帝保证。"上帝的声音里甚至开始带着哭腔。

"该死的上帝！"杰姆慈爱地抚摸着眼前这个眼神呆滞、举止失常、有些秃顶的人，咒骂道，"看你把这些可怜的人，蛊惑成了什么样子！"

大脚姑娘搜鞋记

● （美）玛莉·凯斯顿　庞启帆　编译

高年级的新年舞会就要举行了。这是我期盼已久的。因为终于可以令自己有正当的理由好好放松一下。我想象自己穿着浅蓝色礼服，轻轻滑过舞池，裙裾飞扬，轻盈地转着圈，穿着我的——

想到这里，我条件反射似地看着床那头，我的脚在被子下面拱起了一个高高的小山包。明天我必须找到一双合适的鞋子。和裙子能否搭配不是问题，关键是能不能适合我那双船一样的大脚。

我有一双大脚，一双很大的脚。它们是我身上最引人注目的地方。同学们常取笑说它们就像滑雪板般那么抢眼。我在骗谁？竟然想在舞会上翩翩起舞！我翻了个身，想象着灰姑娘后母那群恶毒的女儿努力把她们丑陋的大脚塞进灰姑娘那小巧的玻璃鞋时的情景。

第二天我起了个大早，匆忙吃完早饭，赶去坐公交车。我已经列出印第安纳波利斯市商业中心区所有鞋店的名字。我打算把这些鞋店一一踏遍，如果幸运的话，我就能找到一双合适的鞋。

下车后，我沿着华盛顿大街一路寻觅下去。最后，在所列鞋店名单的最后一家鞋店，我问了整个早上都在问的那个问题："我想买一双时髦的高跟鞋。请问，你们有吗？"

"当然。"店员热情地说道，"你需要什么颜色……"但是当他看到我的脚后，马上改口道："很抱歉，我们没有适合你的尺码。"

我恨不得马上找个地缝钻进去。难道我只能穿着哥哥的运动鞋去参加舞会？上帝，请你帮帮我吧！

只有一个地方可去了，那就是马萨诸塞大街上的斯道特工厂鞋店——它似乎一直就在那里。我也不知道它是否能给我带来幸运，但我只能孤注一掷了。

"欢迎！欢迎！"走进斯道特工厂鞋店，我听见一个刺耳的声音说道。我顺着声音看去，原来是一只绿鹦鹉。那家伙正站在收银台上。不知为什么，我的羞怯感一下子涌了上来，正想逃跑，一个身材矮小的老店员从柜台后面走了出来。"我能为您效劳吗？年轻的女士。"唉，一个上了年纪的人怎么能知道一个15岁的小姑娘的心事呢？

"我想你们店不会有适合我的脚的鞋。"说完，我绝望地看着我的大脚。

老人拉着我的手，把我带到一把椅子旁。"你先坐着。"他微弯着腰说，仿佛我是一位公主。"我一会儿就回来。"

"他会给我拿来什么样的鞋呢？高帮系扣的老祖母鞋？"我想。鹦鹉不时发出"嘎嘎"的叫声，像是在取笑我。

终于，老店员回来了。他坐在一张旧凳子上，熟练地脱下我的鞋子。然后他从盒子里拿出一只大大的舞鞋，迅速穿在我的脚上。"好了！"他说，"站起来，看看合不合适。"

我站起来，脚几乎从舞鞋里脱落出来。老人扶我站稳。他错误地估计了我的号码。这双鞋太大了！大得离谱！以前从未发生过这样的事情。我的脚简直可以在那只鞋子里游泳！我一下子欣喜若狂。

那位老店员的双眼闪着光。"哦，亲爱的。"他说道，"这双鞋子显然不适合你。我去换一双小一点的。"

小一点的！我心中狂喜，这话听起来就像美妙的音乐。

老店员回来了，晃晃悠悠地抱着一大摞鞋盒子，我几乎都看不见他了。"也许我们可以从这些鞋子中找到一双适合你的。"

我一双接一双地试穿。金色的、粉红色的、象牙白的、珍珠白的……老店员坐在凳子上，周围是一个个打开盖的鞋盒。他轻轻地把我的脚从一双鞋移到另一双鞋。我对他讲了即将到来的舞会，还有我的蓝色裙子。

"啊哈！"他说，"如果那样，我们试试这双。"说着，他用力地把那些凌乱的盒子推到一边，然后从那堆鞋的底部拿起一个盒子。他小心翼翼地打开盒盖，取出了一双我有生以来见过的最漂亮的鞋子：一双品蓝缎面高跟鞋。当他把鞋套上我的脚时，我觉得自己就是童话里那个最终嫁给王子的灰姑娘。非常合适！我站起来，真想就在这个鞋店里翩翩起舞。

"我帮你把鞋装进袋里。"他说，看起来也非常高兴。当我付钱给他时，我为他刚才的行为感到奇怪：这位经验老到的店员在刚开始时所出现的误差怎么会这么大？解释只有一个：他想让我知道，比我的脚还大的人有很多。同时他让我知道了他还是一个很好的生意人！

走出鞋店时，鹦鹉又大叫道："嗨，祝你拥有美好的一天！"我在这家老店得到了一位善解人意的店员的帮助，我的大脚终于找到了一双合适并且非常漂亮的舞鞋，这的确是美好的一天。

少年酒

● 许冬林

许多年前，我还在读书，坐在靠窗的桌子边。窗外有一棵梧桐，满满抱一怀那么粗。秋天里，坐在窗子边看窗外落叶簌簌而下，衬着远方空廓无依的天空，甚是萧然。那时候，课余喜读香港台湾的小说，读得心思苍茫，常常拿钢笔在木制的桌面写些伤感的词语或句子，以此对景遣怀。黑色的方块汉字，断断续续，逶迤在斑驳的没有上漆的木纹之间，极其清瘦，残垣断壁一般。

许多年后，我的他跟我说，其实那时候他去看过我写的那些字。在一天早晨，教室里还没有人的时候，他一行行读了。"哀莫大于心死"，他说我写过这一句。我愕然。没有想过他会去看，而且，至今还记得。

也觉得突兀：我竟然，曾经，选择这样一个浓度稠厚、质地坚硬的句子，来如此用力地表现一个少女的忧伤。只是忧伤啊，忧伤而已，心灵其实还是轻盈的、通透的。那样的句子，好比一壶浑浊辛辣的老酒，只适合暮年的末路英雄去喝，实在不适宜去浇灌江南雨巷里一个少女薄薄的忧伤。

少年时，我们表达自己的忧伤，太不懂得节制。

想起那时候班上还有一位女同学，喜欢上了某位男同学，跟他一道去街上的小馆子里喝酒。喝的是白酒。彼时是春天，雨过初晴，嫩黄的梧桐叶上有碎乱的阳光在轻捷地跳，她就在那样的阳光下从外面回来，踉跄着晃到教室走廊，然后靠在门边喊报告。已经是上课了，数学老师按着大三角板在黑板上画几何图形，大家不看，纷纷把目光扫到醉酒的她身上。她眼泡红肿，不知道是醉的，还是醉后哭过。白色的运动服上擦了泥印，沾了枯草屑，路上一定摔过。

我们看她，有人无语，有人惊讶，但其实内心深处都有一种惶惶不安。我们以为，她一定身处盛大无边的痛苦中，无涯无际，孤舟一样颠簸着不得靠岸。

后来知道，那位女同学毕业后交过许多个男朋友，分分合合，至今孑然一人，仓皇得很。我想，从前那位和她一起醉酒的男孩子，她大约早忘记，至于醉酒的事，也定然在后来无数场酒宴中混淆与消失。如果烈酒可以浇心中块垒，现在倒还是真可以给自己偶尔斟一杯小酌。相比之下，从前喝酒，多么不应该啊！那时时光像新发的梧桐叶一样稚嫩而美好，那个男孩子还和自己在一个学校，离得那么近，没有前尘旧账的累赘，还可以一起长大，一起约定共同的未来，哪里需要一杯杯白酒来撑大场面，作苦大仇深状？更何况，只是年少懵懂单薄的喜欢，哪里能懂所谓的爱情啊！

而我那时候所经历的，也不过是成长过程中必然会遇到的小小的伤心，像雪花一样小一样轻，太阳一出就会融化。何谈"哀"？更何谈"心死"？

为什么当年总喜欢用这样沉重的词语、这样沉重的方式，去标签我们的情怀呢？现在想想，到底是年少吧！明明是初试羽翼，却弄成了张牙舞爪。明明开口试唱，却兀自拔高了调儿，壮着胆在那里声嘶力竭，叫人看了笑话。因为年少，不知道好时光要算计着过，竟跑了题，去给自己兜观众去了，以证实自己的长大与成熟。

"如今识尽愁滋味，欲说还休，欲说还休，却道天凉好个秋。"现在我偶尔在博客里记流水，顺带着，隐隐幽幽发些怨妇声，但从不买酒寻醉寄托情怀，自以为已经足够节制我的情绪。可我几个朋友依然不买账：这么幸福的小女子，还怨啊，矫情吧？我知道自己，依然没有萧萧大风里慷慨悲歌的资格，我作怨声，在外人眼里，依然像当年在课桌上写悲伤词语一样幼稚可笑，像恋爱醉酒的女同学一样——把情绪玩过了。是啊，我如今所困惑的，不过是，看前路风烟迷茫。可是人生哪一段看前面有足够的绚丽与真切呢？哪一天不愁苦不忧虑不是暂得欢喜呢？还需要这样摆开阵势来强醉悲歌吗？

且收一收姿态，收一收寻醉的心，少年时胸腔那么窄那么浅，实在装不下一壶酒所承载的衷肠。不如像埋下一坛女儿红一样，将欢喜与落寞悄悄寄存在岁月流逝里，到老，谁都是一壶或温厚或辛辣的老酒。

从狂奔的列车上走下来

●张诗雨

　　临近年底，日程表排得如同富家女出嫁的嫁妆箱子，插不下手。整理年终参选材料，把厚厚一大摞杂志和报纸搬来搬去，一张张复印装订；写年度工作总结，事无巨细，把沉潜的统统捞起；教学论文要写，课件要做，《信仰时代》刚刚看完，《全球通史》才读了一半，脑子里装着中世纪的僧侣和农民，手里不停接着电话……

　　回家，吃饭，开电脑，白天工作告一段落，夜间工作刚刚开始。领导交派的稿子马上到期，两万字三天之内搞定；"小企鹅"拼命在下边闪闪烁烁：约稿，约稿，约稿……每个单子都迫在眉睫。冷水洗把脸，长出一口气，屏气敛神，我要拼命了！

　　啪！停电了。

　　我欢呼一声，一跃而起，飞快钻进被窝。孩子还没睡着，一见我来，牵牛花一样就绕过来了，小胳膊小腿像嫩藕棒，一边缠住我一边把毛茸茸的小脑袋偎进我怀里。平时我对她太冷落，虽然近在咫尺，触手可摸，可是她一有"贴"上来的企图，就被她爸爸严厉警告："别去打扰你妈妈！"这下子可以亲个够了，希望孩子把她的妈妈一直当心肝宝贝一样抚摸。一屋子黑暗，我把孩子搂在怀里，静静躺着，心像一块吸水的海绵，享受一种被"无能为力"浸透的美妙。

是的。无能为力。

整个地球就是一个旋转的陀螺，每个人像被装在瓶子里的骰子，被一只看不见的大手拨弄着，忙碌、紧张、劳累、拼搏，迟早有一天，要把自己全部"玩完"。就在这时，停电了，正如发大水了、"SARS"来了，正常工作终止了，一切重担一瞬间全部卸下，所有牵肠挂肚的事务都被撂到角落，焦虑也没用，骂娘也没用，于是一种久违的轻松、愉悦、舒畅、惬意，就这样悄悄光临。

是的，又一个夜晚将被虚度，又有一堆工作无法按时完工，明天又得加班加点，可是这一切又有什么关系呢？当下多美好。当下的黑暗多美好，当下的安静多美好，当下的小女儿多美好，当下把主动权出让之后的无能为力多美好。

《在狼群中》是法国自然生物学家莫厄特著的一本自传体小说，里面写到"我"作为一个动物研究者在巴伦兰荒原度过的日日夜夜。除了研究狼，还要研究荒原的生态组成。"我"拎着一种复杂的朗克尔圈（一个金属圆环），在原地猛转几圈，然后大力抛出，把圈里所有的植物一根根用镊子拔下来，再就其种类、所属、习性等作进一步的分析工作。这个工作繁琐无比，不是找不到圈子被抛到哪里，就是被这些圈中细如毛发的植物搞得恼火。

　　看到"我"像一只疯疯癫癫的兔子一样，一遍遍把圈子扔出去再捡回来，而且越扔越近，"我"的印第安朋友不屑地笑笑，昂首阔步走过去，捡起钢圈，在原地打个转身，一扬胳膊，"嗖！"钢圈就像一只逃跑的松鸡一样一头扎入湖里，不见了。印第安朋友知道闯了祸，吓得脸色发白，没想到"我"却高高兴兴地拉着他跳了一段狐步舞，然后和他一起分享了仅剩的一瓶酒。我想，这一刻莫厄特的心情，大概就是一种无能为力时的解脱。那段狐步舞，泄露了他被迫放弃后的轻松快乐。

　　很多时候，是我们把自己逼得太狠了，什么都想得到，什么都不愿错过，生怕耽误一趟开往"2046"的列车，却发现在忙忙碌碌中失去了真正的"我"。沿途的风景很多，不妨该驻足时驻足，可是我们却歇不下来，始终处在一种忙碌但是空虚的状态。走得太快，灵魂跟不上脚步，谁知道来来往往的人群中有多少"行尸走肉"呢？一旦这种可怕的状态被突然打断，谁不是张嘴就来一句"SHIT"？焦灼、叹气、咒骂、苦恼，把原本正悄悄兜上来的美妙毫不留情地赶跑。

　　其实不必。我们急匆匆乘上火车要去某个地方时，即便中途有人强行拉下制动闸，不要气恼，不妨走下来，看看路旁的郁郁黄花、青青芳草，蝴蝶与蜜蜂翩翩围绕，尽情享受当下无能为力的美妙，哪怕明天照旧一路飞跑。

守望

● 庄 学

清晨的牡丹广场恬静生动，即将绽放的牡丹花顶着晶莹的露水摇曳着，他边活动胳膊间或俯身凝视着它们，如看着自己的孙辈样甚是怜爱。他的年龄可能60多岁了，也许70多岁了，甚至有可能80岁出头了，但面色红润，挥舞着的双臂颇有劲道。他的眼神仿佛无意间地看看花坛那边的曲径小道，这个时辰那边会慢步跑来一位与他年龄差不多的人，一个老男人。

晨曦中，那个人影出现了，他赶忙把眼神移开，只乜斜着那边。那个人慢步跑来，在花坛的那边伸伸胳膊踢踢腿，不往他这边望一眼，也许捎带着乜斜过了，但就是没有正眼看。哦，他也不正眼看那个人的。有个中年汉子推着自行车走过，车头上的电喇叭鼓噪着搅动了清晨的恬静：卖槐豆，治咳嗽，清热化痰治咽炎。嗓子干，喉咙疼，清心寡欲活长寿。电喇叭渐渐远去。那个人活动一会儿，就又慢步跑远，渐渐地不见了身影。

那是一段遥远的往事，遥远得牙口都老了。

那时他们都年轻，都铆足了劲儿要干出点事业来。所以就比着干。也许是他的失误，也许是那个人的有意为之，在竞争一个职位时，两人成了冤家对头反贴门神，相互揭起了短。那个人最终成为了胜利者，此后对他总是虚伪地笑着，一副大人不计小人过的虚伪的笑。从那个时候起，他就在心里恶毒地想：看看谁笑到最后！一晃多少年过去了，因为相互之间的傲视，两人心灵的距离越来越远。同在一个广场晨练，却从不说一句话，甚至不正视对方。每天在相同的地点进行着相同的过程：他站在花坛这边与一群人一起甩手，那个人喜欢慢跑，跑到花坛那边略微一活动，再跑走。花坛好像就是他们之间的同心圆，每每与同心圆相切即离，他们两个圆却从不交汇。

电喇叭照例要搅动清晨的恬静：卖槐豆，治咳嗽，清热化痰治咽炎。嗓子干，喉咙疼，清心寡欲活长寿。他有点喜欢这样的广告词，乡村式的，直截了当不做作。有几天他的鼻涕长流，就动了心思买了一包槐豆回去泡着喝。中年汉子有些殷勤地告诉他，这是真正的环保产品呢，从来不打药。他可以想象到，大闺女小媳妇一点点摘下来，纤手摩挲，再细细晾干，那香那韵就深深地浸漫其间。泡水喝的时候，槐豆开初在沸水中翻滚，等安静下来，槐豆渐次缓缓开放，清香也就弥漫开来。次日晨，他瞥见那个人也买了一包槐豆。唉，人老了，事情就多了起来。他突然有点冲动，如年轻时的冲动，想告诉那个人泡槐豆的时候，一定要用透明的玻璃杯子，水要慢慢地往玻璃杯子里面沏，有个欣赏玩味的过程。这个过程其实比喝槐豆水更重要。几天下来，他想与他的眼神对视，却鼓不起勇气来，只好眼睁睁看着那个人慢慢远去。

　　有几天，他下定了决心，可是那个人不见了身影。后来再见到他，步履蹒跚地慢慢跑来，胳膊腿儿的动作生涩迟缓，缺乏了生动，并且脸色有些苍白了有些蜡黄了。他心里暗暗骂道：你个老舅子还猖狂？陪你陪了一辈子，看看谁笑到最后！

　　又过了几天，也许又过了几个月，那个人再也没来。暗暗地一打听，那个人永远地去了。再也见不到那个人慢步跑来，再也见不到那个人好像是漫不经心地伸伸胳膊踢踢腿，再也见不到那个人慢步跑远。他的笑有些苦涩，心中顿生寂寞之感。

　　又过了几天，也许又过了几个月，他痴痴地望着花坛那边，轰然倒地。他也永远地离去了。中年汉子推着自行车过来，电喇叭的鼓噪打破了清晨的恬静：卖槐豆，治咳嗽，清热化痰治咽炎。嗓子干，喉咙疼，清心寡欲活长寿。

默克尔：正确对待嘲讽

●张金玲

安格拉·默克尔于 2005 年成为德国历史上第一位女总理，并在 2009 年和 2013 年的大选中成功连任。她坚定、果敢、自信，素有德国政坛"铁娘子"之称；但在政坛之外，她又温和可亲，时常绽放出温暖、迷人的微笑。她获得了德国民众的大力支持，这也得益于她的良好心态。

从小，默克尔的身体协调性就很差，学走路、跑步都比同龄的孩子晚得多。上小学后，她最怕上体育课，总担心自己笨拙的动作会被同学笑话。

在一次游泳课上，当老师讲解完跳水的动作要领后，同学们都急不可耐地冲上跳板，争先恐后地往泳池里跳。默克尔磨蹭地跟在后面，眼看着同学们一个个完美入池，心里越发惶恐。身旁不断有同学擦肩而过，他们已往返跳板数次，有的甚至嘲讽默克尔："你怎么还不跳？准是被跳板吓破了胆吧？你真是一只胆小的老鼠！"默克尔黯然神伤，此后便经常逃课。

老师了解情况后，对默克尔说："不要把同学们的话当成嘲讽，他们是在告诉你确实胆小。像你这样长期逃避，只会导致考试不及格呀。好的心态才会有更好的风景！"

老师的话深深地烙在了默克尔心里。以后的游泳课，默克尔都径直冲上跳板，果敢地跃起，纵身跳入泳池深处。虽然入水的动作算不上十分优美，但她总算是战胜了自己的胆怯。

从那以后，只要默克尔听到别人对她的讥讽，就会低下头来审视自己，她会对自己说："不能把讥讽我的人当作敌人，我一定有不对或不足的地方，我应该检查一下自己是不是如那人所说，有则改之，无则加勉。"

有一次，默克尔在隆重的晚宴上，遭到了法国前总统萨科齐的嘲讽。爱吃奶酪的默克尔，吃完一块奶酪后，准备取第二块奶酪时，萨科齐用手指着默克尔，对另一名欧洲领导人说："默克尔自称在节食，可是她又去取第二块奶酪了。"萨科齐的这句话，被默克尔的秘书听见了，默克尔的秘书真害怕会引发一场外交风波。秘书看了看默克尔的表情，确信她根本没听见后，才长长地舒了一口气。

其实萨科齐的每一句话和每一个动作，都没逃过默克尔的耳朵和眼睛。但是默克尔并不觉得萨科齐是在嘲讽她，她觉得萨科齐在告诉她：默克尔，你太胖了，你应该减肥了。

有一年年初，默克尔赴瑞士滑雪度假，不慎摔倒受伤，导致盆骨骨折。医嘱要求卧床休息3周，养伤期间需坐轮椅或者拄拐杖。当家人和工作人员对她的伤情担心不已时，她自言自语道："终于有个机会让我下定决心减肥了，萨科齐之前就指出我很胖，两年过去了，我却还这么胖，真不好意思。"

从那时开始，默克尔取消了假期后的所有行程，安心静养。养伤期间，默克尔严格按照医嘱遵守各种作息饮食规定。每天按时睡觉、戒酒、戒急躁心态以及坚持康复锻炼等。

为了减肥，默克尔开始进行严格的节食，她放弃了平日爱吃的奶酪、巧克力、芝士、香肠三明治等高热量食物，改吃蔬菜了。默克尔在开会时，都自带红萝卜、青椒、西红柿等，更下令工作人员不得将为其他人准备的三明治放在她可触及的范围内。

终于，默克尔成功减肥十公斤。媒体戏称她从"重量级政治家"转型成为苗条女总理。减肥成功后的默克尔容光焕发，充满活力，看起来更清新、更健美了。德国民众表示，把国家交给一个精力充沛、充满正能量的女总理管理，他们非常放心。

在讥讽面前，生气解决不了任何问题，努力完善自己，讥讽自然会消失。

做棵永远成长的苹果树

●山水梅子

一棵苹果树，经过漫长的分枝抽叶，终于结果了。第一年，它结了10个苹果，但9个被拿走，自己只得到一个。对此，苹果树愤愤不平，干脆自断经脉，拒绝成长。第二年，它只结了5个苹果，4个被拿走，自己依然得到一个。

"哈哈，去年我得到了10%，今年得到了20%！翻了一番。"这棵苹果树心理平衡了。

另一棵苹果树却恰恰相反。它在第二年更加努力地吸取阳光雨露，努力生长，结出100个果子，被拿走了99个，自己只得了一个，却乐在其中；第三年它依然蓬勃成长，保持勃勃生机；第五年它结出了更多的果子，已经成为苹果树中辉煌一景。

"得到多少果子并不是最重要的。重要的是，自己永远在成长啊！"

在第一棵苹果树枝叶凋敝、行将枯朽的时候，这棵树清香远溢、根深叶茂。

刚工作时，人们又会选择做哪一棵苹果树呢？常常有这样的情况：你意气风发，才华横溢，渴望在岗位上干出一番成绩来，可是现实无情。或许，你为单位作出了很大的贡献，却没有得到重视提拔；也或许，你的付出和薪水不成正比——总之，你觉得自己就像一棵每年开花结果的苹果树，倾尽全力，结出果实，自己却只享受到很小的一部分，与你的期望相去甚远。

于是，你愤怒，你懊恼，你牢骚满腹，你怨天尤人……最终，你决定不再那么努力，你开始随波逐流，你变得庸碌平常。几年很快过去，事业丝毫没有起色，你回头一看，发现现在的自己早没有了当初的激情和创造力。

是什么毁灭了一个才华横溢的好青年？

正是你自己。

这样的故事，身边比比皆是。我们有时会忘记，生命不是一段短短的历程，而是一个连贯始终的整体。我们时常会觉得自己已经成长过了，到了该结果的时候，到了该收获的季节，会格外在意一时的得失，比较付出与所得是否成正比，却忽略了成长本身带来最大的广阔空间、最美的人生蓝图。

所以，不论遇到什么事情，经历怎样的风雨，我们都要做一棵永远成长的苹果树，并记住，一个人充满趣味和挑战地成长，永远比每月的薪水重要。

给生活一张漂亮的脸

● 西　风

她们是我的亲人。

第一个女人年轻时很美，天生丽质。据说小时候曾被抱上戏台，扮秦香莲的女儿，化上妆，个个啧啧称叹："这丫头，长大准是个美人！"果然，越大越漂亮，柳叶眉杏核眼，樱桃小口一点点，往那儿一站，倾倒一片。可惜父母早丧，哥嫂做主把她嫁给一个老实巴交的农民。她留给我的最鲜明的印象就是蓬头坐在炕头上，拉不断扯不断地骂人，骂天骂地，骂猪骂鸡，骂丈夫儿女，骂完了睡在炕上哼哼——她把自己气得胃痛。

一切都让她心灰意懒，她的最大爱好就是算命。我最记得的一件事就是她一边拉着风箱生火做饭，一边把两根竹筷圆头相对，一端抵在风箱板上，一端用三个指头捏定，嘴里念念有词，眼看着筷子像竹桥一样朝上拱，拱，或者朝下弯，弯，"啪！"折断，吓我一跳。问她在干什么，她说算算什么时候咱们才能过上好光景，穿新衣，吃好饭……

所以她基本上就两种心情，不是发怒就是发愁。发怒的时候两只眼睛立着往起睁，发愁的时候两个大疙瘩攒在眉心。

第二个女人和第一个正相反，年轻时绝不能说漂亮。我见过她十七岁时的照片，黑黑的皮肤，瘦骨支离，看不出一点青春美丽的消息。当时家境贫困，父亲卧病，她是长女，早早就挑起生活的大梁，饱受暗气和冷眼，辛苦和磨难。

后来她也嫁给一个农民，穷得叮当乱响，连栖身之处也没有，只好借住在娘家门上，东挪西借盖起几间遮风挡雨的房子。结果没住满三年，顶棚和墙壁还白得耀眼，弟媳妇前脚娶进来，后脚就把他们踢出门。只能再次筹钱盖房。旧债未还，新债又添，两口子都咬着牙为这个家打拼。

丈夫在外边跑供销，四季不着家，家里十几亩农田不舍得扔，她就在当民办老师之余，一个人锄草浇地，割麦扬场，给棉花修尖打杈。七月流火，烈焰一般的太阳烘烤大地，她下了学就往大田里赶，一头扎进去，头也顾不上抬，汗水滴滴答答流下来。两个孩子，一个七岁，一个五岁——负责做饭：合力把一口锅抬起来放到火口上，估计锅开了，放一把米，煮一会儿，生熟都不知道，再合力抬下来。时间到了，她草草回家吃一碗没油没盐的饭，接着往学校赶。

终于又盖起一处体体面面的新房，大跨度，大玻璃窗。她就和儿子开玩笑："小子，以后这房子给你娶媳妇，要不要？"儿子心有余悸，问："妈，人家会不会再把咱们赶出来？"她眼一瞪，说："敢！这是咱家的地盘！"没想到人算不如天算，新房子压住了规划线，立时三刻又要拆迁。她哭都没力气了，一个字：拆！往后倒踏三米，一咬牙：再盖！

拆拆盖盖中，转眼十几年。这样苦，这样难，没怨过天尤过人，整天笑笑的，最爱说的一句话是："哭也是一天，笑也是一天，为什么不高高兴兴过日子呢？"

如今她一家子都搬离农村，进了城。她也老了，倒反而比年轻时好看：脸上平平展展，不见多少皱纹，就眼角那几条有限的鱼尾纹还统统像猫胡子一样往上翘，搞得她不笑也像在笑，让人自来地亲近。

她们一个是我母亲，一个是我婆婆。

当有一天她们亲亲密密地坐在一起，才发现岁月给她们分别干了些什么：我婆婆是一张笑脸，我母亲是一张哭脸。母亲的一生虽然也算风平浪静，但总是不满意，不快乐，一张脸苍老，疲惫，皱纹纵横交错，没事的时候一张脸也像哭过；婆婆的一生跌宕起伏，但因凡事都乐观，宽大的心胸让她越老越添风韵，成了一个魅力十足的漂亮老人——这个发现让我触目惊心。

从这两张脸上，我见识了什么是时间的刀光剑影，也明白了什么叫真正的"相由心生"。

生活就是这样一种东西：你用笑脸对它，它就还给你一张恒久温暖的笑脸；你用哭脸对它，它就会把这副哭脸毫不客气地贴回到你脸上。对一个女人而言，把美丽留在脸上是一项艰巨的工程。多少人热衷于护肤和美容，却忽略了心灵的力量。

所以，就算生活再艰难，为了自己的美丽人生，还是要一边痛着，一边笑着，给它一张漂亮的脸。

就是不生气

晚饭后，我到小区附近的广场散步。这个广场刚建成半年多，每到暮色降临时，聚集了很多跳舞爱好者。透过昏黄的灯光，我留意到一位银发如雪的老人，穿着大方得体，随着动听的音乐旋律，悠然自得地跳着交谊舞。

他跳得那么优雅，那么投入，仿佛四周的喧嚣如潮水般隐去。这让站在旁边的我心生钦佩，目光随着他的舞步游移起落。跳了几曲后，他到边上歇息，同周围的人说笑。看得出，这是一位爽朗健谈的老人，从那些零碎的话语中，我大致了解到他的人生经历。

年轻时，他是性格耿直、脾气暴躁的男子，心里如藏着一座火山，随时都有可能爆发。

他眸子里那团燃烧的愤怒，灼伤过身边的每一个人。因小事与同事意见分歧，偏要争个上下，闹得不欢而散。回到家，他心里烦闷，冲家人乱发脾气，惹得妻子泪眼婆娑。儿子犟上两句，他挥拳就要打，吓得儿子赶紧躲进自己的房间。

那一年，公司效益滑坡，他被裁员了。好强的他一咬牙，做起了生意，经过几年的打拼，生意做得有声有色。只是他仍没有学会控制自己的脾气，因此得罪了一些人。

那些人恨得牙根痒痒的，合伙设下圈套，他果然上了当，赔得一塌糊涂。

他心里只有恨，全是恨，胸中的那一团火又燃烧起来。他出了门，去找他们算账，像一团翻滚的火球似的，一直滚到了马路上。随着紧急刹车声，他被抛出了几米远，重重地摔在地上。

等他醒来，已是几天后。他轻轻地睁开眼，看到两个熟悉的身影，是妻子和儿子。儿子最先发现他醒了过来，惊呼道：爸爸，你总算是醒了。妻子抱住他又哭又笑，醒了就好。我真的很害怕，怕你扔下我们独自走了。

阳光斜斜地照在床上，他的心中却如铁马冰河般汹涌，只差一点，就到另一个世界了。纵然他败得如此不堪，可在亲人心中仍是最重要的人，就在一刹那间，之前的争执仇怨竟然轻如飘絮。

两个月后，他出院回家，在随后的日子里，跟完全变了一个人似的。

曾经吃饭口味偏重，喜欢大咸大辣，现在吃起素食，越清淡越好。以前凡事爱较真，如今放下了，不去计较。终于知道，人生除了生死，别的都是小事。

他借了一笔资金作本钱，重新做起生意，不仅还清了外债，并且生意还做得如火如荼。他变得亲切随和、宽容大度，这让他轻松拥有好人脉，连那些伤害过他的人，后来也成为了合作伙伴。

偶尔遇到不愉快的事，他用"忍""制怒"来提醒自己，为此用毛笔写下"不生气"，贴到墙上显眼的位置。他这样做的结果是，每一天都能感受到喜悦，心里似有只鸽子在歌唱。到了周末，他放下工作，陪家人去郊外游玩。

退休以后，他迷上了音乐，买了一把口琴，对着乐谱慢慢练习。他经常一练就是几个小时，渐渐地，能吹成完整的曲子。他兴致盎然，更加勤奋地练习，还学会了吹笛子、拉二胡、拉手风琴。

他加入老年合唱团，有次老师问，哪位会看谱唱歌？他拿起《车站》的谱子，试唱起来，那深沉而略带忧伤的曲调，顷刻间把人带入久远的回忆。当老师得知，他识谱和拉琴都靠自学，称赞他"乐感很好"。

在一次外出时，他不慎从台阶上滑下，股骨头摔断。在做了股骨头置换手术后，需要卧床静养，家人放舒缓的钢琴曲给他听。他微眯着眼睛，听得如痴如醉。待身体康复后，已年愈70岁的他，有个令人意想不到的举动，报名学钢琴。

之后几年，他每天上午去上钢琴课，风雨无阻，晚上到广场跳跳舞，把日子过得活色生香。

周末的一天，我又在广场一隅见到他，晒着暖暖的太阳，悠闲地吹着笛子。他的手指愉快地跳动，一串串欢快的乐符飞出来。一曲终了，有人好奇地问，你吹的这是什么曲子？他微笑着答道：歌名叫《初恋》，很好听的。

他的话引来一阵哄笑，大家夸他有一颗青春不老心。有人忍不住又问，如何修得这样的好心态？他缓慢地一字一顿地说："不生气。"那人似乎有些失望。老人脸上浮起孩子般的笑容，接着说，"我再加上几个字——就是不生气。"话音一落，众人都陷入了沉思。

第二辑

不做傻人，
勿拿别人的错误惩罚自己

生活的正面和背面

● 老玉米

　　老乡来的时候，我的公司正处于风雨飘摇的谋求生存的状态。我的一个曾经所谓的好朋友买通了我的财务主管，正在通过一些不道德的手段恶意收购我的公司。我被他们搞得焦头烂额，疲惫像密不透风的墙，挤压得人有些透不过气来。

　　我是家乡人眼中的骄傲，所以每次有老乡来，我都会邀请他们到家里来。其实都是虚荣心在作怪，不过是想向他们炫耀一下自己的豪宅——这穷人眼里的天堂罢了。老乡是个有些木讷的人，吞吞吐吐地说着一些莫名其妙的话，脸上还不时泛起潮红。我知道老乡是个十分好面子的人，猜想这次一定是有难言之隐来求我帮忙的。果然，两杯酒下肚，老乡说明了来意——想向我借点钱回家盖蔬菜大棚。其间，他以自嘲的方式给我讲了他的一些曲折的经历。

　　老乡是个倒霉的人。两年前外出打工，在建筑工地当力工，每顿饭都是两个馒头一碗汤，几个月下来，人整个瘦了一圈。就在要完工的时候，不小心从二十多米高的跳板上掉下来，幸好被下边的跳板挡住了，不然定摔个粉身碎骨。

他的腿骨折了，躺在医院里，工友给他的妻子打了电话，可迟迟不见妻子来。一个月之后，他拄着拐杖来到工地，向工头索要工资，工头欺负他老实，说他住院的一个月，花费了很多钱，要从工资里扣除，最后他只拿到了很少的钱。

回到家才知道，他的老婆跟一个有钱人跑了。

这是一个被命运戏弄的人，一个走在生活背面的人，一个在生命中不停地经历雪天的人。他什么都没有了，只剩下一条瘸了的腿和一根拐杖。那一刻，他瘫倒在地上，生活仿佛一下子就走到了尽头。但不久他就清醒了过来，他想到自己的孩子和上了年纪的父母，他们还需要他。而且更重要的是，他觉得，一个男人，如果倒下，便没有了尊严。

所有人都以为他会找他老婆和那个男人算账，但他没有，并不是他懦弱，而是在他看来有些东西失去了就无法再追回来，像感情。而有些东西，失去了还可以找回来，像尊严，像那些被工头抢走的钱财。

他从体弱多病的父母那里接回自己刚刚 5 岁的孩子，他拄着拐杖开始收拾破烂的家，从亲戚那里凑了些钱，盖了猪圈，买了几只猪崽，孵化了一大群鸡鸭鹅。每天起早贪黑地饲养它们，那是他唯一的希望。

可是他似乎注定了要奔波在生活的背面，先是他的猪，不知道是什么原因，这些猪崽怎么喂也长不大，然后是他的鸡鸭鹅们，正赶上"禽流感"，不管是禽肉还是蛋，都卖不出去。他的头发在那一夜白了许多，那可是他全部的希望啊，他还要指望它们供孩子上学，指望它们给生病的父母买药呢！

或许这就是他的命吧，不管他躲到哪个角落，那些苦难的子弹总是循着他的声音或气味尾随而至，如影随形，在他来不及防备的时候对他进行突然袭击。

"可我不能就这么倒下去了，我不想一辈子生活在别人的同情和怜悯里。"老乡对我说。

他又一次拄着尊严的拐杖站起来了！他在厄运里苦苦挣扎，就是为了求得能与人平等站立的尊严。他又开始他雄心勃勃的计划了。他想利用家里宽敞的园子建一个蔬菜大棚，可他实在没有地方可以借到钱了，邻居们就劝他来城里找我碰碰运气，看能不能得到我的帮助。

因为我平时对自己的家乡建设很热心，所以对于老乡的请求，自然是应允的，毕竟他借的那笔"巨款"对于我的公司来说只能算是九牛一毛。老乡感激涕零，不知道说什么好，一个劲地给我弯腰行礼。我还掏出一些零钱给他，让他打个车回去，老乡却无论如何也没要："我有拐杖呢，这东西好着呢！走路可借力了。多远的路都不怕。"老乡说他来的时候就是拄着拐杖走来的，回去也可以。天！我不敢想象，从乡下到城里有50多里路呢，而且他的腿还是残疾的……

我被老乡的经历震撼了，他为我疲惫的心灵支起了一根拐杖。我的公司所面临的困境和老乡的经历是如此相像，我的财务主管被挖走了，这就好像我断了一条腿一样，但我用老乡赠予我的这根思想的拐杖渡过了难关，重整旗鼓，公司又走上了正常轨道。老乡来还钱的时候说，他种的蔬菜很抢手，供不应求。他还准备扩大经营呢。

我想是上帝终于被他感动了吧，终于为他打开了一扇窗子，让他看到了希望，看到了生活的正面，看到了金灿灿的阳光。他让我懂得，在生活的背面艰难跋涉的人，一样要挺直腰身。就像山背面的树，只要顽强不屈地生长，终会高过山峰，终会得到阳光的恩赐。

生活的背面虽然缺少阳光，但土质潮湿，一样适合植物的生长。

我不知道他生命中的风雪是否已经停息，但我可以肯定的是，如果紧接着再下一场雪，再遭遇一次风暴的袭击，他依旧还会咬紧牙关，挣扎着不让自己倒下去！

因为他有一根尊严的拐杖，它可以支撑一个人走过命运里所有的沟沟坎坎。

哪一粒种子，不会将春天遗忘

●安　宁

我的一个技校毕业的朋友，凭着自己出色的技术，在一个出名的机械厂里找到一份工作。因为自己很低的学历，他只能被分配到最脏最累的底层车间里工作。相比于那些在窗明几净的办公室里喝茶读报却拿高薪的大学生，他所付出的劳动和能拿到的报酬，几乎严重的失调。车间里的其他工友闲来无事的时候，总会诅咒那些领导。有时候领导来车间里视察，他们甚至会故意地使些小奸小坏，以此发泄他们心中的不平，但他只管尽职尽责地做好自己的工作，没有一点的抱怨。他们像一群被风吹到石头缝隙中的种子，一不小心，就被温暖的春天给忘记了。

后来有一次，厂里的某个领导要搬家，车间主任为了讨好领导，派了十几个人去帮忙。一行人皆觉得气愤，凭什么要把他们当免费的劳动力使？没有钱不说，还被吆来喝去，简直是牛马不如！这样的话，朋友听了，只是笑笑。有人不解，便说，如此不平等的事情，为什么你反应这么平淡？朋友笑说："既然我们就是靠一双手来谋生的，给别人帮一点小小的忙，又不损耗什么，何乐而不为呢？"

就是抱着这样的态度，朋友像无数次在回家的路上，帮人推一把车一样，神情愉悦地一趟趟给领导搬着东西。其他人心里皆怀着愤恨，手上更是不满，会"不小心"将贵重的瓷器摔碎。而且干活也不利索，碎屑和杂七杂八的小东西，几乎是洒了一路。在快要完工的时候，有许多人，竟是招呼也没打，就回了车间。

朋友是最后一个离开的。他把自己搬运的东西全都整整齐齐地放好，又找了个垃圾筐，将四层楼梯上和小区花园里洒下的灰尘和碎屑全都扫进去。而后擦了把汗，给领导说了声"再见"，这才匆忙地赶回车间去干自己的工作。

这样一件不值一提的小事，很快便被整个车间的人忘记，直到一个月后，朋友突然被调去办公室做人人艳羡的秘书工作。而他的直接上司，就是那位领导。工友们皆说，不知朋友怎样拍了马屁，竟换得这样好的工作。但只有朋友自己才明白，他其实什么都没有做，他只是在最卑微的角落里，没有忘记自己是一粒种子，和其他人一样有遇到春天的机会。所以对于每一件细微的事情，他都会努力地去做到最好。而这，正是一粒种子，不被春天遗忘的原因。

我的另一个朋友，也是职位卑微的人。他在一家网通公司做临时的业务员。说是做业务，但只有每月 400 元的底薪，提成却是一分也没有。他一天天地在这个城市里跑，几乎每一户网络宽带出了障碍，都是他不辞辛苦地跑去帮忙。有时候会遇到一些不明事理的客户，将对公司的怨气全都一股脑地发到他的身上，他也只是微微一笑，像什么也没有发生一样，扭头就淡忘了。许多如他一样的临时工，全都消极怠工，能应付过去的客户，就都应付过去。反正干好干坏都拿一样的钱，何必那么用心？但朋友一直兢兢业业地将每一项业务做好，许多用户知道他做事认真，每有问题，必点名让他过去。同事们皆笑他倒霉，他却什么也不说，只坚持一个原则，凡是经过自己手的工作，就一定要完成到最好。

后来他和几个同事被调到另一个部门工作，在即将走的那天，他接到一个用户的电话，说自己急需用电脑，但却无论如何也上不了网，让他赶紧过去帮忙调试。他本可以像别的同事们一样，说自己已经办好了调离手续，这项工作，以后会交给别的人来做。但他却像往常那样，说："好的，您稍等，我马上过去。"

连朋友自己都没有想到，这一句话，给他的命运带来怎样的转折。那位客户得知他做再多的工作都没有提成，而且他已经不做这项工作，却依然在临走之前，将最后一件事情做好的时候，异常地感动。正巧他所在的公司，要招聘部门经理，而他又恰好是招聘主管，便很诚恳地向他发出了岗位邀请。而他给朋友开出的月薪，竟是朋友以前一年的收入！

这样一个机会，或许和他一起工作的同事，也一样可以遇到，但却独独降到了朋友的手中。并不是朋友比他们幸运，他只是和那些被风吹到黯淡角落的种子们一样，不管阳光和雨水会不会幸运地眷顾到他，都踏踏实实地将生长的每一个必备的环节做好做足，而后向那春天的方向尽力地伸展。

而当他终于从狭窄的石缝里，探出嫩绿的叶片，甚至美丽的花儿来，经过的人无一不会惊叹：春天竟连石缝里的生命也没有忘记！但只有这一粒种子，才真正明白，其实，不是春天记住了他，而是他自己，没有将春天遗忘。

把侮辱当个笑话

●余毛毛

我瘦，步履轻盈，又因为那天穿的是轻便鞋，所以走起路来几乎没有声音。这使得走在前面的她们根本没注意到我的存在。巷子很窄，我准备超过她们，可她们似乎情绪很激动，走路有点手舞足蹈的，而且她们谈话的内容也引起了我的兴趣，我想我就跟在后面听一小会儿吧。

她们是两个穿校服的十五六岁的女孩，一个高点瘦点，一个矮点胖点。"她居然骂我'你这个丑陋的死丫头'！"胖点的女孩愤怒地用某地方言一字一顿地模仿着说，"这是老师说的话么？"瘦女孩哈哈地大笑起来，说："这都成班上的流行语了，现在大伙见了面，都互相说'你这个丑陋的死丫头'了。她也不是说你一个，她在2班也是这样骂人的。"她们的谈话让我吃了一惊，教师节刚过，报纸上讴歌赞美老师声一片，但居然还有老师这样骂学生，这真叫人有点没法接受。但想一想，在漫长的成长学习过程中，谁没遇上过个别的"极品"老师呢？这也让我想起一个自杀的孩子，父母找人花钱把他送进了一所重点中学，大概是学习成绩拖了全班的后腿，老师就骂他"你不如死了算了"。没想到孩子真的喝农药自杀了，留下的遗书让人难过得窒息，大意是说他的自杀是个人行为，请学校和家长不要找老师的麻烦。这样一个善良懂事的孩子，就因为学习成绩差了点而被老师侮辱，就因为脆弱而失去了生命，真的是让人又难过又惋惜。

我超过了女孩们，顺便看了看那个胖点的女孩，她圆圆的大脸，高挺的鼻梁，明亮的双眼，一副甜美的样子，绝对不是什么"丑陋的死丫头"，真的想不出老师有什么理由这样骂她。她们对这种事的态度也让我感到欣慰，青春就该这样，有点张扬，有点不羁，有点没心没肺，就该把这样荒谬的侮辱当个笑话，就该锐利成一根刺，把劈面而来的似乎很庞大的东西像戳气球一样地戳个洞，让它噗的一声炸掉，软绵绵地掉到地上，而不是被吓倒，被打垮。唯有这样，才能练就一身强健的筋骨，去面对生活中真正的打击和苦难。

斧子伤不到天空

● 侯兴锋

一日，妻下班哭着回来了。

妻自从下岗后，辗转多年，在一家纺纱厂找了工作，并被安排与两个老工人搭班。妻虽是新手，但她手脚麻利，且以前就是缫丝工人，所以，妻干活的速度丝毫不弱于老手。

然而，每个行业里似乎都有排外的现象。妻作为新进人员，一下子很难融入到老工人的圈子里，个别老工人常常好倚老卖老，不断地指使妻干一些分外的工作。一开始，妻还勉强应付着，后来时间久了，妻不愿意了。她们见妻渐渐地有点不听话了，于是就合在一起说三道四，放出一些流言蜚语来，诸如妻干活偷懒，拉了班里后腿，为人自私自利等等。一次，妻亲耳听到两个女工在班长面前又嘀咕她的不是，妻忍无可忍，爆发了，和那两个人大吵了起来，最后气哭了。

妻愤愤然地说："你去厂里帮我骂那两个女人去！"

我赶紧劝道："别急，别冲动，冲动是魔鬼。"

沉思了一下，我对妻说："你先冷静冷静，我给你讲个小故事吧。"

这是一则禅语故事：

一个人请教禅师，说有人在背地里捅他刀子，该怎么办？

禅师拿起一把斧子，走出室外，对那人说："现在把斧子扔向天空，会怎么样呢？"

当扔出去的斧子"咣"的一声掉到地上，禅师问："你听到天空喊疼的声音了吗？"

"斧子又没有伤到天空，天空怎么会喊疼呢？"那人说。

"斧子为什么伤不到天空呢？"禅师问。

"天空是那么高远，那么辽阔，斧子扔得再高，也触及不到天空的皮毛啊！"那人感叹道。

禅师说："是啊，天空高远、辽阔，那是天空的心胸大。如果一个人有天空般宽阔的胸怀，别人就是再向他放暗箭、捅刀子，也无法伤及到他的心灵啊。"

妻听后沉默了。

在现实生活中，当我们面对别人的嫉恨，面对别人的诽谤时，之所以感到烦恼，之所以感到痛苦，就是因为我们的心胸还不够宽广，我们的涵养还不够深厚，我们的境界还不够忘我。如果你能把内心修炼到像蔚蓝的天空一样高远辽阔时，那么，在漫漫人生路程中还有什么能够伤害到你呢？

抢座位的胖小子

●王　磊

意大利摩德纳市音乐学院有一件有意思的事情，那就是每周六下午第一节课下课后，穿着整齐校服的声乐班学生们会拼命地从北侧的教学楼向南方的校区跑去。原来，每天下午的第二节课，是由意大利著名的声乐大师波拉先生亲自教授的。而校方却在安排课程上出了一点小问题，从而使得在北校区上了第一节课的学生们要跑到最南面的教学楼里聆听大师的讲座。为了抢到最好的位置，能近距离的和大师接触，平日里斯文腼腆的学生们也顾不上什么面子了，男孩儿们脱下外套，女孩儿们拽起裙子，像一个个高速喷射的小火箭一样，极其准确地向着目标飞奔而去。

在这些抢座位的学生里，有个小胖子最吸引人注意，因为他总是被甩在所有人的身后。这个被同学们称作卢奇的小胖子，虽然只有 19 岁，却比同龄人整整胖了一圈儿。因为体重的原因，所以尽管他拼尽了全力，却还是像一辆缺少燃料的坦克一样，一边擦着满脸的热汗，一边挪着沉重的脚步，勉强追赶着大家。

这样的场景在校园里反复上演着。有些调皮的男孩儿有时还和他开开玩笑，一边对他做着鬼脸，一边倒着在他前面跑。女孩儿们跑过他身边的时候，也发出一阵阵银铃般的笑声，这些宛如莺啼一样的声音，在这一刻都显得格外刺耳。小胖子狠狠地瞪眼睛看他们，却谁也追不上，一脸的无奈。

后来，为了能抢到好座位，小卢奇在第一节课上到一半的时候，就开始心不在焉地收拾好自己的书本，趴在桌子上养精蓄锐，满脑子里都是如何快速跑出大门的想法，根本没心思再听课。在下课铃响起的刹那，他拼尽全力抢在老师之前飞奔而去。这样的办法也还真有效。虽然有很多人还是跑在了他的前面，但抢占了先机的他还是比以前跑得更快了一些。不过，当他跑到教室大门的时候，又出了问题。在他进入教室的刹那，身后的同学猛地加快速度，这样一来，就和他同时进入了大门，几个人被卡在了一起。同学们都比他瘦，所以能一点点挤进去，而身宽体胖的他被牢牢地压在门框上，胖胖的小脸被挤压得像个扁平的小柿子一样。

尽管想了无数的办法，但他还是没有抢到好座位。不仅如此，因为每次都费尽心机去抢座位，第一节课也基本上没听进去，而且每次跑到第二节课的教室后，他也累得说不出话来了，加上座位位置不好，他也更没心情听课了。小胖子卢奇忽然意识到了问题的严重性。

卢奇越来越感到这样抢座位得不偿失。他分析了一下自己的情况，觉得自己减肥也不可能有太大的效果，想抢到好座位基本上是不可能了。想明白了这点之后，他反而放松了下来。既然自己没有能力改变未来的情况，那么为何不做好当下的事情呢？反正也抢不到好座位，卢奇干脆静下心来好好听课。等到同学们飞奔而出的时候，他则慢条斯理地走出去。一边思考着下一节课自己学习的重点，一边和匆匆而过做着鬼脸的朋友们打着招呼。因为知道自己座位不好，卢奇在大师的课上比谁都用心聆听。也因为自己在路上已经为第二节课做好了准备，针对自己的声乐水平有了学习的重点，从而在课上更能有效率地进行学习。

5年的音乐学习就这样飞逝而过。当年的少男少女们已经长成了青年，他们仍旧在学校的南北校区之间飞奔。而当初的小胖子卢奇也越来越胖，走得也更慢了，不过再也没有人对着他做鬼脸了。因为，他已经是全学院最出色的学生了，大师的课堂上甚至有他专门的座位。而这一切，都是靠他自己的努力赢得的。

1971年，参加阿基莱·佩里国际声乐比赛的选手们被告知，首相要来观看决赛。知道这一消息的选手们都在后台兴奋异常地相互猜测着谁会引起首相的注意。这时，组委会负责人发现最胖的那个参赛选手独自躲在一边继续练习着发音。负责人好奇地和这个年轻人攀谈起来，问他为什么不像其他人那么兴奋。年轻人向负责人讲述了他在音乐学院抢座位的趣事，笑着告诉他："我也非常紧张好奇，不过，未来还未发生，与其过度地关注未来分散精力，不如做好手头的工作。现在的一切，将决定未来的结果。"因为这番话，负责人牢牢地将这个胖胖的年轻人记在了心里。

当天晚上，这个年轻人因成功演唱歌剧《波希米亚人》主角鲁道夫的咏叹调，荣获一等奖。从此之后，25岁的卢奇一步步踏上了大师之路。如今，他被公认是有史以来最伟大的高音之王。人们也渐渐地熟悉了他的全名——卢奇诺·帕瓦罗蒂！

用心改变可以改变的，坦然接受不能改变的。与其为下一刻不确定的未来而焦虑，不如专注经营好当下的生命。生活便是如此，不可能事事顺利。我们无法掌控生命，却可以把握自己对生命的态度。你对待当下生活的态度，便决定了你人生的高度。

有一种幸福叫"不知道"

●瘦尽灯花

一个美女小同事，近日很烦恼。

半年前她和一个家世背景很显赫的公子结了婚，一天，我正在办公室的电脑前聚精会神地查资料，她急促地叫我："姐！"

我抬头，她的老公不知道什么时候进来了，怒气冲天，拽着她的一只手拼命往外拖——她已经怀孕三个月。

我忙站起来，他赶紧松手，几步走到室外。我跟出去，只见他把手上抱的东西猛力一摔，掷到楼下，桔子啊，苹果啊，还有梨，咕噜咕噜滚了一地，头也不回地走了。

后来我有事请假半个月。等我再回来，她已经把胎儿打掉，离婚了。

离了婚才知道捅了马蜂窝。小姐妹们都是好的，陪她说话，拉她逛街，请她吃饭，劝她开心，然后义愤填膺地告诉她："我们听到有人说你坏话啦。"

她赶紧问："说我什么？"

"说你狠心，为离婚把孩子都打掉了，肯定不是一个好老婆，以后得到幸福才怪……咱们不怕，他们爱怎么说怎么说，你一定会得到幸福的，不信咱们就看着！"

她快崩溃了。

怎么能不崩溃呢？人心就是一面湖，投进一块小石子都会荡起一串串涟漪，更何况巨石咚咚地往里扔。没人的时候，她在办公室哭得稀里哗啦。

有一天，她问我："姐，你说我该怎么办？我快活不下去了……"

我想了想，给她讲了一个道理：

《红楼梦》里的女孩子在刚开始的时候，几乎就都注定了不幸的命运：宝钗要夜夜守孤灯，黛玉要泪尽而逝，迎春是受虐而死，探春远嫁，香菱被主母虐待……

可是，她们做诗、填词、烤鹿肉、起诗社、赏花、斗草，每天都活得很快乐。

为什么？

因为她们除了当下这一刻的好生活，别的什么都不知道。不知道有的时候并不意味着无知，什么都知道的人表面上看似"明察秋毫"，它的代价却是把你变成电影《购物狂》里的张柏芝：满满一房子的东西，水壶、暖瓶、电风扇、没用的柜子，光包包就有无数个，统统摆在那里，凌乱，无序，搞得自己每天晚上如厕都要迷迷糊糊地跳芭蕾，一下一下绕着过——当初那么满怀爱心买下来的，却成了自己生活中的障碍。

什么时候把这些全都清理出去，我们的心才能变得清爽而愉悦，像一座花格木窗，绿柳掩映的花园子，让清风进来，明月进来，安静和幸福也进来。

其实，所谓的舌下杀人，最大的凶手并不来自流言蜚语的发源地，众矢之的和千夫所指的困境也只是一种虚幻的存在，只要你转过头去，不看他们，他们就没有办法把矢射进你的心里。倒是你的亲戚、朋友、好姐妹，他们一直忠诚而坚持不懈地传递这些有害信息给你——他们知道自己关心你，却不知道自己放了黄蜂在你心里，围着你嗡嗡飞、狠狠刺。

还是西谚说得对："不知道的事情，不会伤害你。"前苏联作家索尔仁尼琴1978年在哈佛大学的演讲时也说："除了知情权外，人也应该拥有不知情权，后者的价值要大得多。它意味着我们高尚的灵魂不必被那些废话和空谈充斥。过度的信息对于一个过着充实生活的人来说，是一种不必要的负担。"

所以，我们不妨采取一种主动装聋作哑的生活方式，告诉朋友们：无论你们听到什么，看到什么，都不要告诉我，我不好奇。

等你适应了这种装傻并快乐着的状态，不再因为别人的错误惩罚自己的美丽，自己的心情会渐渐花木扶疏，清风朗月，轻松得能着羽衣飞起来，这时你才会明白，世界上原来真的有一种幸福叫"不知道"。

谁也无法优雅地黑

●西　风

网上呼叫朋友："在吗？"她回了我一句："干嘛！！！"三个感叹号砸得我差点背过气去。把界面关掉不理她，过了一会儿她自己醒过味来，忙不迭解释："对不起啊，刚和人骂战，频道一时还没有调过来呢。"

我很好奇，说骂什么？为什么骂？骂出什么结果了？老实交代一番，我就原谅你。

她苦笑说，我骂赢了，不过觉得很可耻。

我更好奇了，赢了是好事，怎么会觉得可耻呢？

她发过来一个聊天记录，说你自己看吧。

不看不知道，一看吓一跳。不知道是她疯了，还是这个世界疯了。

事情起因是这样的，她有事，给一个人发信息："您好，请问您是清凉雨先生吗？"

那人毫不客气地发过来一句话："你他妈谁啊？"

我朋友气得手抖着往上打字："你一定不是清凉雨先生，清凉雨先生不会像你这么没教养。"

对方开始脏字连篇地骂起来，朋友说我活了四十多岁啦，平时工作忙顾不得照顾爹娘，现在居然连累两个老人家被人家骂，我活着还有什么意思。

于是对骂展开。

硝烟弥漫。

看得我浑身出汗。

看不出来平时温温柔柔、和风细雨的一个人，骂起话来又快又狠，刚开始两个人能够拼个平手，后来就她骂三五句，对方才能骂出来一两句，再后来，她骂了十句八句不重样，对方居然颠来倒去还是那两句。一看就是一个知识储备不丰富的小孩子，不过十六七岁，想是偷了别人的号来玩——确实不是清凉雨，因为她找到清凉雨的另一个号码发去同样的信息，那边的回话彬彬有礼。而这人想在网络上发挥一下平时发挥不到的流氓气质，结果踢到了铁板。靠在椅背，一声长叹，平时咋就没发现她有这么泼悍的一面？

"还有更可笑的哪。"她说，"那家伙看骂不过我，干脆叫了好几个人来加我好友，想群殴，被我拒之门外。开玩笑，我还真指着骂他们过日子啊。这就已经够恶心了。都搞得我恶劣因子大爆发，没办法优雅了。"

我大笑。

陈凯歌的前妻洪晃出身名门，外祖父章士钊是著名的爱国民主人士，母亲章含之也是位出色的女外交官，这样一位名媛却自言在闹离婚的时候，把所有的恶劣因子激发出来，让自己整个人都变得狰狞万分（原话忘了，大意如此）。为了不让自己迷途堕落，干脆痛下决心，离婚了事。

真是，世界上没有谁想不优雅，却总有一些人和事会逼得你放下身段。

前阵子因为工作关系，认识了一个人，刚开始我对他保持着相当的敬意，说话做事十分有分寸，不愠不火，不即不离，算得上比较理想的同事关系。后来有一次，也是在网上交流的时候，他无意间把发给别人的话错发给我，要命的是，那居然是对我的毫不客气的议论和嘲讽。

这下子我如梦初醒，愤怒得无可名状。以前不知道从哪里看过一句话，记忆犹新，说的是一种"老娘们一样的小男人"，当时不以为然，现在撞上一个活标本。一个大男人，说小话告黑状献媚求宠东长西短，又要占便宜又要装清高，就是大多数的"老娘们"也比他格调高！从此他敢说一句我就敢堵十句，他做一件事我就使十个绊子，哪怕他满口都是"您"啊"您"的尊称，我也毫不手软，毫无怜悯，毫不同情。

不过，当时对着干觉得痛快，过后反思，却深觉自己的恶劣。是以下定决心，宁可放弃合作机会，也要离他越远越好，免得自己越变越坏。

平时教女儿慎交友，因为"蓬生麻中，不扶而直，白沙在涅，与之俱黑"，西谚又有一句话叫"羽毛相同的鸟一起飞"，现在发现用在自己身上也合适。若是不择人而处，择邻而居，就真可能成了麻生蓬中，扶而不直，白沙在涅，与之俱黑。而乌鸦和鸽子一起飞，最大的可能不是乌鸦把羽毛漂白，而是鸽子把翅膀染黑。

几年前去荷花淀，里面有女子脱光了衣服在泥里摔跤的表演，那样婀娜的身姿，用着那样野蛮的姿势，染着那样腥臭的污泥，就像是莲花被摁着花瓣在泥里打滚，让人心痛。说到底，无论你再怎样想做一个有教养的人士，只要白沙在涅，就谁也无法优雅地黑。至此，我们能做的事，也不过就是让自己放开胸怀，不要气，能白的时候不要黑。

把人渣当做垫脚石

●朱成玉

　　我的朋友阿慧医学院毕业后，考进了本地的一家大医院，由于她各方面都很优秀，又谦虚好学，没两年就掌握了很多医学本领，得到院领导的赏识，经常在大会小会上对她进行表扬，这些都引起了一个女同事的强烈嫉妒。这个女人论相貌和才学，也不比阿慧差多少，可就是心术不正，她不允许别人抢她的风头，只有她自己风光才行。所以，这以后，总是明里暗里地使坏，在工作中也总是挑拨离间，对阿慧很是排斥，终于让那女人得了逞，阿慧被迫离开了那家医院。后来，阿慧自己开了一家诊所，事业慢慢做得如日中天，还被选为本地的人大代表。

　　回忆起这段往事，阿慧说："要感谢那个背后使坏的人呢，没有她，就没有我的今天，所以啊，有些人渣，在某种程度上也助长了我的成功。"

　　演员黄晓明曾说过："曾经有人对我说，泼在你身上的冷水，你应该烧开了泼回去。但我更愿去做像石灰一样的人，别人越泼我冷水，我的人生越沸腾。"一直以为黄晓明只是凭借一张漂亮脸蛋演戏的艺人，没想到说出了这般令人受用的话，这不禁使我对他刮目相看。

是啊，小人们扔过来的砖块，我们可以垫在脚下，让我们走得更远，站得更高。

两千多年前，孔子及其门徒重点研究了两种人，一为君子，二为小人。尤其是小人最伤脑筋。小人问题是个古今难破之题。"明君"周围挤满小人，巾帼枕边睡着懦夫，英雄前头无数竖子，好汉头上蹲着鼠辈，石榴裙下跪着无赖，香花幽草插上牛粪，小人得志，竖子成名，君子不遇，英雄遭难。孔子一生清高孤傲，眼里揉不得沙子，他总是愿意把自己当作社会的一面照妖镜，揭露出许许多多世上小人的丑恶面目。而如今，时空已经相隔两千多年，圣洁的孔夫子带着治国救世的美好愿望驾鹤西去了，但那些见不得光的小人们却在阴暗的角落里生生不息地繁衍了下来。

小人喜欢搬弄是非、挑拨离间，而且他们无一不是喜欢窥探他人隐私的专家。他们为了达到某种目的，几乎都会采取挑拨的策略，小人的最大愿望是：全天下的人都相互指责、互相怀疑，唯独他能掌控全局、左右逢源、游刃有余。所以，搬弄是非、挑拨离间是小人最常用的战术。再有，出卖、背叛也是小人的惯用伎俩之一，当你与小人促膝长谈时候，你的肺腑之言，在小人眼里就是把柄，而你的隐私就是小人出卖你的资本。所以，在小人面前，最好三缄其口，否则，就要承受有一天你的肺腑之言及隐私被加工后曝光于天下的风险！

说白了，小人的伎俩无非就是无中生有，恶意中伤，对于你背后的小人，对付他最好的办法就是不予理睬，他煽不起风点不起火，自然就落得一个灰溜溜来去，臭狗屎一样无人问津。

人生路上，每个人都会经历过几个人渣吧。我经历的小人就比较多一些，用迷信的话讲，总是"犯小人"，算命的也说我"贵人稀小人众"，总有人背后使坏，不管是爱情还是事业，总是让自己不停地受挫。但我都走过来了，那些无赖泼皮，或许对你造成了某种伤害，或许令你顿生厌恶之心。他们是你们成功路上的绊脚石，但也可以成为你们的垫脚石。

永远不要觉得你包容了那么多不好的东西就委屈，其实他们也会成全你，让你在心里慢慢磨砺出一颗珍珠来。所以，不但不要气，而且还要感激哩。

有一个玩笑叫伤害

● 崔修建

在美女如云的师大，各方面均十分平平的她，当年可以算是一个丑小鸭了。当同寝的姐妹们快乐地拥抱爱情时，一向十分自卑的她，便紧锁柔柔的心扉，生怕受到一点点小小的伤害。

那天中午，她不经意地在《美学》书里，忽然发现一张纸条，内容是约她晚饭后在操场左门那棵老榆树下相见，署名是"一个对你有好感的男生"。

会是哪个白马王子呢，她将平素有好感的几个男生猜了个遍，也没猜出是谁，但整整一个下午她都沉浸在一种无法形容的幸福之中，她第一次体会到了被爱情簇拥的感觉是那样的美好。

早早地吃了晚饭，她对着镜子认真地修饰了一番，轻轻哼着一支大家熟悉的恋歌，在好友慧子惊讶的注视下走出寝室。

约定的时间到了，操场上已经出现好几对恋人了，她好感中的男生还没露头。

她装作若无其事的样子，在老榆树下徘徊着。半个小时漫长得像一个世纪似的一分一秒地过去了，等待中的那个他连个影子也没有，她不由得焦灼起来，暗暗地恨起失约的那个不知名的他。

她在心底猜想着他迟到的原因，并认真地思考着是否原谅他。但直到暮色降临时，那个令她望眼欲穿的他还没来临。她生气地一跺脚，真想马上离开，但心犹不甘地又留下了。

又过了一会儿，他们班里很帅气的男生杨楠从一边走过来，一脸平淡地告诉她："约你的那个男生让我告诉你，他今天有事不能来了。"

什么？他这不是有意捉弄吗？一种被欺骗感觉立刻涌入心底。她大声地对杨楠说："你回去告诉他，我永远恨他。"说着快步地跑回寝室，趴到床上，一任泪水汩汩流淌。

第二天，她便知道了那天是"愚人节"，那个让她出洋相的男生就是杨楠。可她无法原谅他的恶作剧，真的像那天说的那样，将原来心目中对他的好感全都抹去了，剩下的唯有恨了。

后来，杨楠不止一次诚恳地向她道歉，说他只是想跟她开个玩笑，没想到竟伤了她的心。对此，她只是漠然说了声"算了"，实际还在耿耿于怀。

快毕业时，杨楠痛苦地问："真的不能给我一个改正的机会吗？"

"即使错了，也错到底吧。"她心痛而决绝。

这时，同寝的姐妹们都有了护花使者，唯她还在天马行空地独来独往，虽说她也知道杨楠各方面都很优秀，可一想到当初自己像个榆木疙瘩似的在操场上傻等的情形，她心里就隐隐地有一丝难过，她知道他们之间已隔着一道鸿沟了。

毕业后，杨楠曾到她工作的小县城看过她一次，彼此客套了几句，便匆匆告别了。此后，两人就音信断隔了。

如今，她和杨楠都早已各自成家了，可她还是念念不忘当年他的那个玩笑。就这样，她固执地错过了青春岁月中的那一份缘。

十年后的大学同窗聚会时，杨楠再次为当年自己开的玩笑致歉时，她带着悔意微笑着说："那个玩笑叫伤害。"

"是的，是伤害，于你于我。"杨楠轻轻地点头。

两个人眼里流露着同样的晶莹，那是只有他们彼此能读懂的内容。如果早一些释怀，结局也许会好一些，更好一些。

清高不是天外飞仙

● 张诗雨

一个刚毕业的大学生向我抱怨周遭的人群。他听莫扎特，大家听周杰伦；他读莎士比亚，大家读郭敬明。"我不嫌他们浅薄就算了，为什么他们要嫌我清高？"

我很同情他。这种特立独行的做法就像冰块浸在冷水里，边缘锋锐，既然不肯在现实社会中模糊和钝化，其结果就是刺痛别人，肯定会招致疯狂的围剿。所以我的建议是：为了易于生存，要学会和光同尘。

话刚出口，我发现自己也错了，居然把"清高"和"凡尘"对立起来。

每个人都是在人世独自漂流的孩子，身世样貌无法选择，能被允许的选择都只能在夹缝里悄悄进行，包括你成为什么样的人，拥有何等的幸福。现实强悍，逼人就范，大部分人活到后来，好像心里的话，一生都没有一刻能够说出来，而漫漫余生中有关生活的鸡毛蒜皮，说与不说又无关紧要。内心孤独无依，却要凭着自我牺牲般的意志来自毁，变得和大家一样，成为面目模糊的一群。也唯其如此，才显出"选择"的不屈与珍贵。

于是有的人对人生信条坚执高贵、一味坚持，可惜现实不容许，只落得被逼绝地，满腔血泪；大部分人如墙头草随风摆，与泥同泥，遇淬变淬，穿着红舞鞋周旋在舞台，在世俗的春风中如奶油般化去；但是也有一种人，凡尘是前庭，清高是后院，人前享受人前的乐趣，人后享受人后的日子。我认识一位老先生，胖胖的身材，红红的鼻头，安分豁达，随分从时，凭平生所学在我们这个小城里免费办起国学班，开班授课，一文不取。但是有一次，本省广播电台想请他做节目，他却毫不犹豫地拒绝："我讲课只是为了传承文脉，不是为了给自己脸上贴金。所以，恕我不能从命也。"后面这句是用京剧念白说出来的，逗人乐的同时，听出真正的清高来。人前通透，人后坚持，这样的人才是和光同尘的清贵君子。

这样的人对世界充满理解和悲悯，愿意俯首走进别人的内心，于是人们称他为圣。其实何曾是圣呢？不过是跨越万水千山的行者，终于找到了自己；找到了自己的人，不惮于在思想的路上行走，在各色人等中间跋涉，在古典与现代之间切换，在花与草、麦与稻之间流连，于是，人们又称他是智者。其实何曾是智者呢？不过是踏倒藩篱，立足大地的参孙。世界太宽广，人生太狭窄，筚篓褴褛，要做的，不过是让自己活得更开放些。

但是我们平时对"清高"多有误解，于是直接导致生活方式的狭隘，也使生命越活越狭窄。一生固守一种单一的生活模式，就像圈起一堵墙，视线所及，不过是自家后院那一点假山池沼，看不见外面的世界松涛拍岸。所谓"白天不懂夜的黑",非不能也,实不为也。

清高与和光同尘是一回事。真正的清高不是离尘出世,天外飞仙,而是对生命信条的执著与坚持;和光同尘也并非在浊世中软弱妥协和隐藏自己,而是要和大家于尘土中一起向着光明去。竹密无妨流水过,山高不碍白云飞,人生长途,如帛如布,用"和光同尘"打底,才能绣出真正的"清高"来。

快乐是节约出来的

● 澜　涛

我有一个朋友，每次和他在一起，他都满满的快乐，很让人
羡慕。我一直认为，一定是老天眷顾他，让诸如烦恼、忧伤的事
情躲着他走。

朋友在一家公司做部门经理，因为工作能力出众，业绩突
出，可谓春风得意。不久前，就在公司将要提升朋友时，他却突
然遭遇"意外"——有人冒充他的名义给有关部门写信，举报公
司董事长有经济问题。一时间，公司员工议论纷纷，许多不明真
相的人都暗暗指责他心口不一，狡诈阴险。几经权衡后，朋友辞
掉了工作。

朋友辞职后，我才听说他的遭遇，想请他一起吃饭，安慰、
开导他。因为，我认为，朋友一定会因为此事而苦闷伤感。朋友
却告诉我，他正在外地旅游。一个月后，天南海北、游览了祖国
大好河山的朋友回来了，我和朋友终于有机会坐在一起。吃饭的
过程中，我了解到，有关部门已经查清举报信内容均属编造，也
洗清了朋友被嫁祸的罪名，朋友也被一家新公司聘请。

我问朋友，本来做得好好的，并且马上就要升职，却突然遇到这样的意外，会不会觉得遗憾和气愤。朋友却表示，如果没有这个意外，他也到不了新公司，新公司不仅待遇比原来公司好，发展前景也要比原来公司强一些。朋友一脸"因祸得福"后对未来的向往，似乎被嫁祸以及由此导致的辞职并没有给他带来丝毫不快。我有些"不甘心"，想追问朋友知不知道是谁在嫁祸他，恨不恨那个人？正在这时，朋友的手机响了，朋友接听电话，和对方寒暄几句后，突然对对方说道："千万别告诉我是谁，我不想知道。"

　　原来，是朋友原来公司的一个同事，对方想告诉他，是谁陷害他。

　　我不理解朋友为什么不想知道是谁在陷害他。朋友笑着说道："如果我知道了，我一定会记恨那个人。不知道，就少了一个记恨的机会。一个人的心就那么大，我要节约着用，少装一分仇恨，就能多装一分快乐。"

　　风轻云淡，海阔天高。

　　我突然明白了，朋友为什么能常常快乐。学会忽略一些什么，比如滋生仇恨的伤害，比如引发烦恼的嫉妒，比如加重伤感的耿耿于怀……这样的忽略，不是愚钝，而是更多快乐的智慧。

　　每个人的心空都有限，仇恨与伤感多了，就会挤走快乐。拒绝仇恨与伤感，同时是在节约空间给快乐。

原谅少年卑微的乞求

●安　宁

　　我从来不曾向人乞求过什么东西，金钱，物质，爱情，同情，或者怜悯。强烈的自尊心，让我一路走来，始终骄傲地，高昂着头，并将一颗柔韧敏感的心，用坚硬的外壳，层层包裹起来。就像，缓慢爬行的蜗牛，在日光下，将身体，藏进安全的壳中。

　　可是，我用过整整一年的时间，恳求一个女孩，给我一段携手向前的温暖的友情。

　　彼时我读高一，是被舅舅，费了很大的努力，才从一所普通中学，转到重点高中里来。我记得我进来的时候，正是课间，老师在混乱嘈杂中，简单地介绍几句，便让我坐到事先排好的位置上去。没有人因为我的到来，而停止歌唱或者喧哗。我就像一粒微尘，在阳光里一闪，倏忽便不见了踪影。我在这样的忽视中，坐在一个胖胖的女生旁边。她只是将放在我位置上的书，哗一下揽到自己的身边来，便又扭头，与人谈论明星八卦。

　　我突然有些惶恐，像是一只小兽，落入陷阱，脱困却遥遥无期，怎么也盼不来，那个将要拯救自己的人。而蓝，就是在这时，回头，将一块干净的抹布，放在我的桌上，又微微笑道："许久没有人坐，都是灰尘，擦一擦，再放书包吧。"我欣喜地抬头，看见笑容纯美恬静的蓝，正歪头，俏皮地注视着我。我在她热情的微笑里，竟有一丝的羞涩，好像，遇到一个喜欢着的男孩，初恋般的情愫，丝丝缕缕地，从心底，弥漫升腾起来。

我在第二天做早操的时候，偷偷地，将一块舅舅从国外带来的奶糖，放到蓝的手中。蓝诧异地看我一眼，又看看奶糖，笑着剥开来，并随手将漂亮的糖纸，丢在地上。我是在蓝走远了，才弯身，将糖纸捡起来，细心地抚平了，并放入兜里。

蓝是个活泼外向的女孩，她的身边，总是有许多的朋友，其中一些，来自外班，甚至外校。他们在放学后，聚在教室门口，等她。她的朋友中，还有不少的男生，他们在一起，像一支快乐的乐队，或者青春组合，那种浓郁动感的节奏，是我这样素朴平淡的女孩，永远都无法介入的。

可是，明明知道无法浸入，想要一份友情的欲望，还是强烈地推动着我，犹如想要靠近蓝天的蜗牛，一点点地，向耀眼明亮的蓝，爬去。

我将所有珍藏的宝贝，送给蓝。邮票，书，信纸，发夹，丝线，纽扣。我成绩平平，不能给蓝学习上的帮助；我长相不美，无法吸引住蓝身边的某个男孩，从而靠近于她；我歌声也不悠扬，不能给作为文娱委员的蓝，增添丝毫的光彩；我还笨嘴拙舌，与蓝在一起，会让她觉得索然无味。我什么都不能给蓝，除了那些不会说话且让蓝觉得并不讨厌的宝贝。

起初，蓝都会笑着接过，并说声谢谢。她总是随意地将它们放在桌面上，或者顺手夹入某本书里。她甚至将一个可爱的泥人，压在一摞书下。她不知道那个泥人，是生日时爸爸从天津给我专程买来的，它在我的书桌上，陪我度过每一个孤单的夜晚。它在我的手中，半年了，依然鲜亮如初，衣服上每一个褶皱，都清晰可见。可是，我在送给蓝之后的第二天，就发现它已经脱落了一块颜色。我记得当时我的心，像被人用针扎了一下，疼痛倏然蔓延全身。我小心翼翼地提醒蓝，说，这个泥人，是不经碰的。蓝恍然大悟般地，这才将倒下的泥人，扶正了，又回头开玩笑道："嘿，没关系，泥人没有心，不知道疼呢。"

这个玩笑，让我感伤了许久。就像，那个泥人是我自己，满心欢喜地站在蓝的书桌上，等着她爱抚地注视我一眼，可是，蓝漫不经心地，像扫掉尘土一样，将我碰倒在冰冷的桌面上，且长久地，忘记了我的存在，任由尘灰，落满我鲜亮的衣服。

从不奢望可以像其他女孩子一样，在蓝的身边，轻松地来去。所以我只期望自己十分的努力，可以换来蓝至少一分的友情。可是，蓝像片云朵，被那飘渺无形的风吹着，如果路过我的身边，那不过是因为偶然。

我依然记得那个春天的午后，我将辛苦淘来的一个漂亮的笔筒，送给蓝。蓝正与她的几个朋友，说着话，看我递过来的笔筒，连谢谢都没有说，便高高举起来，朝她的朋友们喊："谁帮我下课去买巧克力吃，我便将这个笔筒送给谁！"几个女孩，纷纷地举起手，去抢那个笔筒。我站在蓝的身后，突然间难过，而后勇敢地，无声无息地，将那个笔筒一把夺过来。转身离开前，我只说了一句话："抱歉，蓝，这个笔筒，我不是送给你的。"

我终于将对蓝的那份友情，自尊地，收回，安放在心灵的一角，且，再不肯给任何一个，淡漠它的人。

许多年后，我在人生的旅途中，终于可以一个人，走得从容，勇敢，无畏，且不再乞求外人的拯救与安慰，这样的时候，我再想起蓝，方可真正地原谅。

我想原谅蓝，其实，也是原谅那个惶恐无助的年少的自己。

有爱抱怨的父母，就有爱抱怨的孩子

● 孙道荣

"这个语文老师真讨厌，给我们列了这么多课外书目，想把人累死啊。"小倩回到家，一放下书包，嘴里就不停地抱怨。

小倩是朋友老章的女儿，读初二。在老章看来，这个宝贝女儿什么都好，就是爱抱怨。

小倩的成绩还不错，在班里一般都处于中上游。女儿聪明、好学，这让老章很满意，可是，女儿这个爱抱怨的毛病，也让老章耳朵生了茧，有时听了女儿无来由的抱怨，连老章都心烦不已。

班上有几个男同学很调皮，她抱怨："怎么摊上这样的人做同学？"

数学老师的普通话讲得不大好，偶尔还会冒出一两句方言，其他同学往往一笑了之，她抱怨："这不是害我们吗，连普通话都说不好。"

有一天，作业做得有点晚，她抱怨是钢笔写字不畅，所以才会花了这么长时间都做不完作业。

遇到不会做的题目，她抱怨："什么破题目啊，故意刁难人。"

有一次考试考砸了，她忿忿不平地抱怨说："窗子外面有一只不知道从哪里飞来的鸟，叫得人心烦意乱，无法集中注意力，所以才会考砸的……"

没错，在遇到了一点小挫折的时候，遇到让她看不顺眼的人，自己心情不大好的时候，书来不及看或作业来不及做的时候……她都会抱怨不已，不是这个不好，就是那个影响到了她。

老章倒是清醒地看出了问题的症结：孩子老是抱怨环境，抱怨别人，其实就是想推卸自身的责任，比如孩子学习一直不够专心，不够踏实，也不够勤奋。

可是，孩子为什么会养成爱抱怨的习惯呢？

根子还是出在老章自己身上。

老章算是一个能干且自负的人，但工作这么多年，事业上并未有什么成就，这让老章的心态，也渐渐发生了许多微妙的变化，其中的一个特征就是，爱唠叨，爱抱怨。

与他同时进公司的人，很多人早就提拔重用了，老章却一直原地踏步，老章回家跟老婆抱怨："领导都瞎了眼，不识货，埋没人才。"

年终没评上先进，老章回家气愤地向老婆抱怨："什么狗屁先进，还不是看谁会拉帮结派？"

下班遇到堵车，回家晚了，老章一进家门就大声抱怨："到处都是车，乌烟瘴气，气死人了。"

老章心情不好，吃饭不香，饭桌上气得把筷子一摞，抱怨说："老婆，你的菜怎么越烧越难吃了？"

家里的下水道又堵了，老章不是赶紧想办法疏通，而是先抱怨一通："这是什么破房子啊，都是豆腐渣。"

在老章看来，自己的所有不顺，不是有人故意跟自己过不去，就是让其他人其他事给祸害的，所以，老章整天抱怨天，抱怨地，抱怨人。

可以说，老章的女儿小倩，几乎是在老章的声声抱怨中，慢慢长大的。虽然老章抱怨的人和事，与女儿并无关系，事实上，老章非常心疼这个女儿，从小到大，很少抱怨女儿，但是，在老章的言传身教之下，女儿小倩也不知不觉地濡染了老章的"抱怨基因"，成了一个爱抱怨的孩子。

于丹说过一句话，"扫地是一种习惯，抱怨也是一种习惯"。当抱怨成为一种习惯之后，人在遇到任何不顺心不顺意的时候，就会习惯地抱怨别人，而不从自身找寻原因。

经常抱怨的后果则是，心态越来越差，什么时候都是习惯性地从外部找原因，为自己的失败和失意寻找借口。

孩子在成长过程中，难免会遇到这样那样的问题和矛盾，会犯这样那样的失误和错误，有的是客观原因造成的，有的则是自身不足。无端地抱怨和一味地抱怨，只会让孩子将自己置身于问题之外，仿佛所有的问题和矛盾，都是他人造成的，而不是积极地找到并克服自身的弱点和毛病，从而加以改进，完善自身。

与其无益地抱怨，不如从此刻开始，重新来过。

第三辑

愤怒从愚蠢开始，以后悔告终

生气需要排解，冲动只会自毁

●蔡　践

生气，是人凝眉不展的底片，也是人难以扯断的情志。从小到大，无人不曾被这种情绪所缠绕和包围。遇到不可理喻的事会怨愤，遇到坑蒙拐骗的人会气恼，遇到工作和生活中不顺心的事会窝火而叹息。

生气，伴随着时光的脚步，似乎从未远离和消失到山色空渺的云水之外，而是在现实的平静与起伏中徘徊。正如有人认为，生气是人的一种本能，是一种正常的情绪反应，与我们的生活息息相关。因而，生气往往也是我们寸眸中衣袂熟悉的一缕身影。

是啊，喜、怒、忧、思、悲、恐、惊，是人的七情之态。作为七情之一的"怒"，是一个人生气时的情志变化，非要将它从人的心灵本质上割去又怎么可能呢？

试想，谁人没生过气，谁人又能保证不生气？就像风儿吹来，一泓清水会皴起波纹，星火燎起，沉睡的草叶会燃起绯红。行走在漫漫人生的路中，我们毋须苛求眉头紧蹙的事不会发生，毋须企望内心平静的一点儿波澜不起，这不是人生的本质与真实。重要的是我们要懂得——生气需要排解，冲动只会自毁。由此，正确地认识、控制、疏散与排解负面情绪。

曾看过一个报道：当代著名诗人、散文家余光中先生，对"生气"的话题有一个精彩的回答。据说余光中先生和台湾著名学者李敖两人之间的关系不太融洽。尤其是李敖轻言调侃余光中是马屁诗人一事更是沸沸扬扬。对此，一位记者问余光中："李敖天天在不同场合找您的茬儿，您从不回应，何故？"余光中回答说："他天天骂我，说明他的生活不能没有我。而我从不搭理，证明我的生活可以没有他。"

这是幽默的调侃，也是豁达的心态；是风轻云淡的大度，也是理智驾驭情绪的从容。

有道是："忍一时风平浪静，退一步海阔天空。"真正的智者，是岁月积淀中充盈而来的修养，是于光阴的深层中托起的智慧，他们能以开阔的心态化大事为小事，逆险峻为平坦，转柳暗为花明。这就是内心情绪控制而燃亮的人生崇高品性——宽容。

而一个不懂得排解和控制情绪的人，往往任性无度，狂放不羁，稍微遇到一点不如意之事，就会冲动得像脱缰的野马，失去理智，走向极端，这种莽撞的性格很容易将人推下万劫不复的谷底。

那是 2013 年的夏季，曾发生在北京大兴区的一起震惊社会的摔童案，便是令人发指、怵颤人心的冲动悲剧。

2013 年 7 月 23 日晚，夜色刚刚笼罩大地，川流不息的街道像往常一样灯光闪烁。20 多岁的年青人韩磊吃饭饮酒后，乘坐一辆白色的轿车，在行至大兴区某公交站台附近时，因停车问题与一位推着童车的女士发生争执，没说上几句话，韩磊便任性而起，动手把女士打倒在地，随后还抓起婴儿车内的女童，举过头顶重重地摔在地上，致使该女士之女，仅 2 岁多的婴儿因颅脑重度损伤而亡。整个事发过程不过短短的 1 分钟左右。

一个襁褓中的生命在罪恶的冲动中，瞬间被窒息了笑容，撕裂了天真，摧毁了成长。这是多么血腥，多么惨痛，多么悲哀！

可以说，不懂得情绪的控制，是人性的一大弱点，也是人生极大的悲哀。

在历史的长河中，有多少本该大展前程、美誉流芳的人士，由于少了一分控制，多了一分冲动，而在岁月的进程中黯淡了自己，甚至辱没了自己，让人生的绚烂打住。

明朝山海关总兵吴三桂，起初骁勇善战，声名俱佳，却因陈圆圆被掠而冲冠一怒，引清兵进关，入主中原，成为千古罪人。"恸哭三军皆缟素，冲冠一怒为红颜"，便是为其冲动之举，落得个不义之名的慨叹。

美国著名战将巴顿，作战勇猛顽强，在第二次世界大战中，立下了赫赫战功。就在巴顿该大展宏图之时，他的脾气却冲动异常，有一次，竟辱骂受伤的士兵，还动手打了士兵的耳光，受到国内舆论的普遍谴责。由此，美军最高统帅艾森豪威尔责令道歉，并认定不堪大任，以致后来的人生发展生涯逐渐黯淡。

吴三桂也好，巴顿也罢，谁能说，不是冲动给他们埋下了祸根？谁能说，不是冲动给他们带来不可逆转的影响？

毋庸置疑，冲动是悲剧的导火索，会让人生付出巨大的代价。

因而，在我们心灵的天空中，需要多一分风和日丽的晴朗，少一些乌云滚滚的密布；多一分湖面波平的静谧，少一些激浪澎湃的波涛。以平和之心，多一分精神世界的润泽。如此，人生即使在起伏跌宕的情绪中也一定会变得春意盎然、祥和顺畅。

记得有一句话说得好：当你能控制自己的情绪时，你就是优雅的；当你能控制自己的心态时，你就是成功的。

小鸡肚肠的书圣

● 嵇振颉

"上车了，路上还有一个多小时车程。"导游焦急地对车下的几位男士叫嚷着。这几个男人悠闲得很，一边侃着大山。烟雾随风飘进车里，几个女人用手在鼻子前直扇，脸上不那么精神，估计昨天夜里睡晚了。

大巴车行驶在一条国道上。估计是年久失修，路面坑坑洼洼，车子颠得很厉害。我胃里很难受，只好打开车窗。一股新鲜空气从外面直闯进来，我贪婪地呼吸着。郊外的空气就是好，估计里面的负氧离子肯定高出城里好几倍。导游马上提醒我，现在已是深秋，北方天气早晚有些凉意，当心感冒。

只好把窗关了。反正到达景点，新鲜空气有的是。

车内传来打鼾声。环顾四周，大家都在休息。导游显得很无奈，她本想交代今日的行程安排。结果还没说两句，大家都开始和周公相会。没办法，她只好搬出看家本事——讲故事。

"王羲之大家都知道吧。就是这么一位大书法家，其实是个特别会生气、嫉妒心极强的人。"导游的"小蜜蜂"还是唤醒几个人。无奈这几位缺觉太多，就是再精彩的故事，也提不起他们的兴趣。不过，我从头至尾把故事听完了。

这故事不会是杜撰的吧。求知欲促使我上网查资料，没想到还真有此事。

出生于东晋琅琊王氏望族的王羲之，是个不折不扣的官二代。他的代表作《兰亭序》冠绝群雄，达到"贵越群品，古今莫二"的高度，因而有"书圣"之美誉。

这位造诣极深的书法大师，为人处世方面却颇有瑕疵。他最大的弱点，就是喜欢与人争闲气。看到有人哪方面比他好，就会生出怨恨。王羲之有位远房堂兄弟，名叫王述。此人与王羲之同年出生，长得比较帅气，从小就被王羲之视作"假想敌"。成年后，"两王"的名气都很响。论书法成就，王述远不是王羲之对手。可在官职、地位方面，王述却远胜一筹。

最初，王述的声誉不好，后来得到几位前辈提携，一路官运亨通。那时，王羲之在会稽郡当内史，相当于地市级干部；而王述已是扬州刺史，级别升到省部级。更令人啼笑皆非的，是会稽郡恰好归扬州管辖，王述成为王羲之的"顶头上司"。好家伙，原来两人还难分伯仲，现在胜负似乎有了结果。王羲之彻底坐不住，心中怒火在熊熊燃烧。他不停盘算，怎样才能摆脱眼前的尴尬处境？

王羲之不是善于钻营的人，深思熟虑后想出一个馊主意。他还为此颇为得意，喝了一整坛酒，在微醺状态下写了一幅作品。第二天傍晚，他才从酒醉中清醒过来。一股脑从床上起来，赶忙铺纸磨墨，酝酿要起草的奏折。花了两个多时辰，才完成这份几千字的奏折。他从政治、经济、文化、历史等角度，摆事实、讲道理，就是为了抬出这个观点：把会稽郡从扬州中单列出来，并升格为越州，行政级别与扬州相同。

看着眼前洋洋洒洒的数千言，王羲之不由得会心一笑。他安排一位可靠之人，六百里加急送往东晋的首都建业。

皇帝拿到这份奏折，被气得哭笑不得。好你个王羲之，竟敢妄言行政区划的调整。如此狂背之徒，一定要好好惩治。只是碍于当时王氏在朝廷里的势力，王羲之才没有被狠狠修理。一个多月后，批复送到这份奏折的始作俑者手中。上面只有短短的一句话："言论荒唐，不可行，望你好自为之。"王羲之的升官美梦，瞬间被击得粉碎。他越想越生气，身体出了大问题。风寒侵蚀到他孱弱的躯体内，他只得向朝廷称病回乡。这样一位天才，凄惨结束仕途之路。

辞职后，按理说王羲之应该过上与世无争的日子。他完全可以在书法、诗文方面抒发性情，用另一种方式证明自身价值。可是，王羲之无法走出先前的阴影，时刻关注官场中的动静，特别是王述升迁情况。每当王述被提拔，他的愤怒就会增添一分。59岁那年，极度苦闷的王羲之在居所内愤慨致终。

一代伟大的书法家，竟因狭隘心气而英年早逝，实在太过可惜。拿自己的短处与别人的长处相比，那就是存心与自己过不去。

站在山之巅峰，遥望苍茫大地，心中的很多疙瘩瞬间化解。有些东西，就该迟早放下。摒弃狭隘的比较心理，感恩于已经拥有的一切，就会点亮一盏快乐明灯，乐享幸福人生。

无法预料

● 李伶伶

　　他怎么也没想到，他的生活会被一盒鱼罐头改变。

　　那天他做计划书到很晚。那个计划书对他很重要，关系着他的前程，所以他做得很努力。做到半夜还没做完，肚子却饿了。他去冰箱里找吃的，发现冰箱里什么可吃的东西也没有，就去楼下超市买了两个面包和一盒鱼罐头。

　　吃完面包和鱼罐头，他继续做计划书。没做多一会儿，忽然觉得肚子难受，就去了卫生间，从卫生间出来刚坐下，肚子还有些疼，他又去了卫生间。出出进进，一个晚上折腾了好几趟，弄得他虚弱无力，计划书也没做完，第二天还住进了医院。

　　因为计划书没做完，他失去了竞争分公司经理的资格。本来他的胜算挺大的，可就因为他交不出一个完整的计划书，只好算作自动弃权，把机会让给了别人。他觉得自己很倒霉，怎么就那么巧，偏偏在那天晚上拉肚子生病？

　　他忽然想起他拉肚前吃过的夜宵，不会是面包和鱼罐头有什么问题吧？好在面包的外包装和鱼罐头盒他还没扔，他下意识地找来看了看，一看气得不行，面包没什么事，鱼罐头已经过期一个月了。他立刻拿着鱼罐头盒去找超市。超市当然不承认，说他是诬陷。他很生气，我怎么会是诬陷？超市说，你没有证据证明鱼罐头是从本超市买的，就是诬陷。他回到家，找到了那天他在超市买面包和鱼罐头的收据，说如果超市不给他赔偿，他就去法院告他们。

超市为了息事宁人，同意赔给他一盒鱼罐头，或者退给他一盒鱼罐头的钱。他不同意，因为这个赔偿离他的要求太远了！他不但要超市赔他十盒鱼罐头的钱，还要超市赔付他因为吃了过期变质的鱼罐头而生病住院的医疗费、误工费还有精神损失费等等。超市不同意赔偿这么多，他就真把超市告到了法院。

和超市打官司，占用了他大量的时间和精力，工作上就难免会出错，工作业绩也明显不如从前。公司领导对他很不满意。他想，等和超市的官司打完了，他就能专心工作了，到时候加把劲，肯定会把落下的工作赶上来的。

法院的判决结果终于在他的期盼中出来了，可是这个结果让他很失望，因为法院只是判决超市赔他十盒鱼罐头的钱，不支持他提出的医疗费、误工费、精神损失费等诉讼请求。他很不满意，决定上诉。

有要好的同事劝他，认倒霉吧。他不甘心，还是上诉了。这时公司派他去和一个客户谈生意。他因为心情不好，加上客户提了很多无理要求，让他很气愤，和客户吵了起来。客户被他气走了，生意自然没谈成。领导很生气，严厉地批评了他，还扣了他一个月奖金。

　　他觉得这些都是超市害的，所以更加用心地和超市打官司，一定要让超市赔给他所有的损失。

　　打官司需要有极大的耐心，而他的耐心在一场一场的辩论中消耗殆尽。判决的结果再次出来了，在原判的基础上，又判超市给他一些经济补偿。这个判决结果和他的要求也相差很远，但这时的他已被官司弄得精疲力尽，所以他不打算上诉了。不管怎么说，他的官司算是打赢了，当止则止吧。

　　就在他调整好心情，准备为公司大干一场，以弥补他之前对公司的亏欠时，公司进行裁员，把他给裁下来了。他很郁闷，心情沮丧到了极点。

　　可能是金融危机的影响，工作很不好找，他一连找了好几家公司，都没能应聘成功。

　　那天他从应聘公司出来，已近中午。他肚子饿了，看见不远处有个超市，就进去了。他本是想买两个面包的，结果他在货架上看见了那天他买过的那种鱼罐头。他一见鱼罐头就气不打一处来，觉得他到今天这个地步都是鱼罐头害的。他上去就踢了鱼罐头一脚，可能是因为他太用力，也可能是货架摆得不牢固，他那一脚，竟然把货架踢倒了！货架上的鱼罐头及其他的东西纷纷掉了下来，砸伤了在货架附近挑选商品的其他顾客。一时间，喊声叫声乱作一团，他的脑子也乱作一团。他没想到会这样。他本是想踢一脚出出气，没想到惹来了这么大麻烦，等待他的将是没完没了的纠纷和赔偿。

生气是慢性毒药

●少　恒

　　每个人都见到过别人发怒时候的样子，眉毛紧蹙，双眸冷酷，脸部肌肉紧绷，非常难看。生活中人们也会因事情的不顺心而发怒，有的时候还会大动干戈。虽然发怒是一个人正常情绪的流露，但如果经常发怒，不仅会给自己带来身心上的不爽，而且会伤害到周围的人——又有谁会愿意整天听你怒吼呢？

　　印度诗人泰戈尔曾经说过："不让自己快乐起来是人最大的罪过。"生气就是跟自己过不去，它是一种慢性毒药，虽不会一下子引起身体的不适，但会一点点地侵蚀我们的健康。尽管人们知道生气对自己无益，但很多时候会感觉自己不受控制。会因为一个完全没来由的念头跟自己生气，或是为了芝麻大小的事情而任性地发脾气。

　　曾读过一篇文章，说美国生理学家爱尔马曾做过一个实验，为了证明人在生气时的心理状态对健康的影响，他把一只玻璃管插在水温是零度的容器里，然后收集人们在不同状态下呼出的"气水"，当人在心平气和时，所呼出的气凝成水后清澄透明；

悲痛时凝成的水则有白色沉淀；而生气时凝成的水有紫色物质。然后他把"生气的水"注射到小白鼠体内，几分钟后小白鼠就死去了。由此推断，一个人生气状态超过 6 个月，可能减少其寿命 2 ~ 3 年。

既然生气对身体有这么大损伤，我们何不做一个不生气的人呢？客观地说，生活中不可能凡事都遂心意，生气在所难免。但是，需要很快地扫去阴云，因为你生气、愤怒，最终受伤最深的人还是你自己。当事情发生的时候，先让自己冷静下来，不要为一点小事，就耿耿于怀，甚至大动肝火。

小敏是个爱生气的女人。恋爱的时候，如碰到男友约会迟到、忘记她的生日，她都会不理不睬或拂袖而去。尽管男友解释与道歉也不肯原谅，非得过上好几天，怨气才慢慢消去。后来，他们结婚了，那一年她 24 岁。

结婚之后，每次看到丈夫做事不顺眼时，小敏都会连嚷带吼、怨气冲天地斥责丈夫；在单位，她也比较自我，经常与领导和同事弄得格格不入而郁闷生气，甚至大发脾气……就这样，又过了十年。

34 岁的小敏，揽镜独照，不禁自我怜惜地感伤于心。镜中的她，容颜大变，原本白皙的皮肤变得灰暗，俊俏的脸上还长了几处色斑，身材也不见当年的苗条与曼妙。她蓦然意识到，在岁月的变迁中，自己不知不觉地老了、丑了。

有一天，她碰到昔日的女友，女友和自己同龄，可她看上去容颜却没有什么变化，依然还是那么美丽。她调侃地问女友有怎样地保养秘诀？女友微笑地说："哪有什么保养秘诀，如有秘诀的话，就是笑一笑，十年少。经常保持好心情，不生气或少生气罢了。"

大部分时候，与别人赌气、与别人争执，最终伤害的却是我们自己。即使在争端中占了一些上风，结果又能如何呢？恐怕少不了的还是在争执中给自己的身心或情绪带来伤害，如果能淡定开朗一些，我们将收获一份心灵的宁静，以及别人对我们的尊敬。

于此，不由地我又想到历史上具有旷达乐观个性的一个人，即在中国文坛声誉最隆的北宋时期文学家、书画家——苏轼。

苏轼一生多次遭到贬谪，饱尝宦海沉浮之苦。曾因反对变法，两次被贬杭州，换做一般人，不愁死，也会闷死。而他却能很快地扫去阴云，在被贬之地履行小官之职，领人在西湖筑堤植柳，这就是有名的"苏堤"。尤其是1079年7月，苏轼到湖州，上任不久，一场灾祸便从天而降，因其被人断章取义地告发诗文中有暗藏讥刺朝政之语，引发"乌台诗案"而被捕入狱，审讯再三，差点儿丢了性命，四个月后才得出狱。如此窝囊，岂不眦裂发指！可苏轼在出狱后，却能息怒停瞋，依旧涵养一颗平静之心。

生活稍微安稳一断时光后，晚年他又遇上了麻烦。1094年，朝廷以其起草制诰"讥刺先朝"的罪名，撤消其翰林侍读学士之职务，在一个月内连续三次降官，最后将他流放到离京城千里之外的岭南惠州之地，此时他已是六十岁的老迈之身。在那个年代的边远之地，生活困难可想而知。可苏轼面对无奈的境况，却能化忧愤为平和，以轻松调侃地话语写到："日啖荔枝三百颗，不辞长做岭南人。"如此之时，还不失平静与乐趣。

不难想象，苏轼作为一个无人比肩的天才，他很明白，世间不白之事很多，既然自己左右不了，气又能怎样？只会更加伤及自我，倒不如该面对则面对，该放下则放下。

人生苦短，值得我们用心去品尝的东西太多，切莫把精力耗在生气上。良好的心境，宽阔的视野，才是我们打开心门，拥抱快乐生活的重要所在。

那年，那事

● 水玉兰

2000年夏日，持续高温，摸着四处烫手的墙壁，我决定，先斩后奏，跑去商店给父母订了一台空调。母亲过日子从来精打细算，家里每件电器进门，几乎都要经过一番思想工作。我想等做通母亲工作，夏天岂不过去一半。

交完钱，在店里给母亲打电话，预料中的，母亲冲我直发脾气，说空调多耗电，一晚上得耗一天的菜金钱……气归气，听出来，母亲的大嗓门里有生气也有惊喜。临挂机，母亲问："啥时来家安装？""后天。"我瞟了眼单据，刚才和商店一再地通融，还是排到了后天，死缠烂磨，最终答应我后天一早就上门安装。

上午十点，处理完手头的活，想起今天装空调，给家里打电话，空调装好了吧？母亲说还没见到人。我有些不满，拨通安装师傅的手机，报上门牌号，询问什么时候能到？电话里听上去是一个年轻的声音："说不准，估计还得个把钟头。""不是说好一早就来装的吗？这都半中午了……"没等我说完，那边竟挂机了。真是没素质。

下午午休起来，再次给母亲打电话，问空调装了吗。母亲说还没见到人，母亲劝我，这毒辣辣的太阳，迟点装就迟点装，别尽催人家。我抬头看外面明晃晃的太阳，把大地照得明镜似的。同事听了，说："你不催，等着吧，说不定等到明天……"我再次拨通师傅的电话，口气里已有了压抑不住的火气。"师傅，您能不能讲点诚信，给我个确切时间？"电话那头愣了几秒，说："你以为我不急嘛，我多装一台，多挣一台钱呢。"想想说得也是，我转变口气说："那你总得给我个确切时间。""最快估计也得个把钟头。"说完又挂了。我那个生气。同事摇头，每年七月，装空调高峰期，等不及的，私底下额外给安装师傅加钱。我摇头叹气。过了一个多小时，又给家里去电话，果真如同事预测的，还是不见人来。看来今天想让父母过一个清凉的夜晚，不破费也得破费了。

电话打通后，我开门见山："师傅，你的目的达到了，我额外付你安装费，你抓紧时间过来安装吧。"电话那头没吭声，我心里冷笑，这是默认了。我压着火，继续问："三十元行吗？"还是没回音。"五十元可以了吧？"电话那头"哼"一声挂了电话。我心里气愤，给母亲打电话，让她准备好五十元钱。坐在办公室忍不住叹气，世风日下啊！

下班后，给爱人打电话让他接孩子，我担心母亲用不好遥控器。一进门，看到母亲正拿着遥控器对着空调按键，说安装的师傅刚走。我要教她使用，母亲说安装的师傅已经教过她了。我问五十元给了吗？母亲一拍脑门，说怎么一打岔给忘记了。又说这两个师傅人真好，看我们年纪大，临走，还把横七竖八的泡沫垫子帮我们清理走了。我诧异，母亲见我发愣，说："丫头你得把钱还人家，咱不能占别人便宜，你没看到那两个师傅上门，热得跟打水里捞上来似的，我赶忙拿两只冰棒给他们降温……"我"嗯嗯"应着，不便跟母亲多解释，嘱咐道："空调不要不舍得用，花点电费，总比中暑了送医院强。"说完就回家了。

脑子里一路挣扎，快到家门口，我给那个师傅打去电话，我说："谢谢你帮我父母清理包装盒，我是一个说话算话的人，你哪天顺路，来我办公室把五十元拿去……"电话那头沉默了几秒，说："大妈已经谢了。""多少？"我大声问。"两只冰棒。"随之，电话挂了。

多年后，在一个微信圈看到一个朋友的转贴，我们从事空调安装，风吹日晒是我们的工作常态，我们不怕烈日，不怕高空，怕的是您居高临下的口气。它让奔波于烈日下的我们感到心寒。

我默默看了几遍，按分享，然后发送。

欠你一场爱

● 安　宁

父亲去世的那一年，她正是自尊心极强的时候。黑纱都不肯在同学面前戴，更不必说让人背后指点，自己的母亲是怎样一个耐不住寂寞的女人，竟是父亲刚刚走了几个月，就迫不急待地，要寻另一个人来，充满这个还处处留有父亲影子的家。

所以，当她偶尔一次回家，看见楼下住的那位时常背着画板的中年男子，竟是在客厅里那么专注地给带着迷人微笑的母亲画画时，一向温柔地爱着母亲的她，终于忍不住，朝母亲声嘶力竭地发了火。而母亲，则一言不发地转过身去，看楼下细细的铁丝上，一件男子的棉布衬衫，在风里翻转飞扬。她从母亲沉默倔强的背影里，读出来，没有更长久更冷硬的反抗，母亲，是不会轻易地向她妥协的。

已是高三功课最繁重的时候，她还是没有听从老师和同学的劝阻，很坚决地从宿舍搬回家去住。楼下的中年男子，依然常常地上来，一下下地，很执著又很小心地，叩着门。不管是在听英语磁带，还是已躺下休息，她总是很尖声地就喊过去："我妈不在！"有时候，敲门声会停上片刻，又迟疑地响起来，她便会抢在变了脸色的母亲前面，飞跑过去开了门，用整个身子堵住了窄窄的缝隙，白着眼冷冷地割他一下，道一声："麻烦你不要老跑这儿来，耽误我学习，好不好？"便不等那张微笑着的脸说点什么，砰一下将门关上了。

其实她原本并不讨厌那个画家的。他像父亲一样有极爽朗的笑声，和极豁达的心胸；亦像父亲一样，有宽阔结实得足以让她和母亲安全倚靠的臂膀。可是，她知道，无论如何，他是不能且坚决不可以代替她深爱着的父亲的。而且，在这样一个巴掌大的小镇上，丈夫刚刚去世半个月，便急切要嫁掉的女人，是多么"伤风败俗"啊。是的，很多痛苦她可以与母亲分担；唯独这一件，她会为了这个家庭，为了父亲的尊严和荣誉，拼命地抗争到底！

填报志愿的时候，她违背了父亲生前让她考到北京去的希望，报了离小镇只有十几里远的市里的师范大学。这一点，她连母亲都隐瞒住了。她要用鲜红的录取通知书告诉母亲，为了这个家的纯洁和完整，她会放弃掉自己的前程；那么，做母亲的，又有什么理由，不牺牲掉自己微不足道的欲望？

她终于如愿以偿地考上了那所大学。把通知书拿给母亲看的时候，母亲呆了许久，终于放声哭了出来。她坐在旁边，把一块手绢递过去，想给母亲一些安慰，但是被母亲狠狠甩掉了，又啪地给了她一巴掌。

她捂着热辣辣的脸，转身冲下了楼。伤心欲绝，几乎使她失去了理智。连迎面而来的汽车的喇叭声，都没有听到。等她醒过来时，腿上已打了厚厚的石膏。母亲的眼，也已是哭了许多天的样子，红肿得只剩一条细线。可她还是很清楚地，从里面窥到了母亲的愧疚，和她一直想要的妥协。

以后的日子，她依然每隔两天便回家来住，帮母亲做做饭，打扫打扫房间。母亲也不再站在窗边，向着楼下发呆。除了上班，母亲几乎习惯了足不出户地守在家里了。那个中年男子，她也极少碰到了；偶尔碰见了，看也不看一眼，便远远走开去了。

母亲终于和她一样，把一颗心，安安稳稳地，放在了门内洁静的小天地里。只是，母亲不像她，有看电视到深夜的癖好。母亲总是吃过了晚饭，便早早地进了自己的卧室，关了门，不再出来。她会在电视节目里人物嘈杂的对白中，隐约地听到母亲卧室里，传来的抽屉拉动的声音，随后便是铜钱碰撞的叮当声，这之后便听不见任何动静了。她知道母亲定是想父亲了，所以才翻出他生前积攒下的几千个宝贝古铜币，一遍遍地看。想到这些，她便为父亲高兴，也为自己终于做了一件可以告慰父亲的事，而心安，继而骄傲。

几年后一个类似的夜晚，她接到一个电话，竟是她一直爱恋着的男孩，向她求婚！她幸福得几乎眩晕掉，在客厅里随着电视里的音乐，翩翩起舞了一阵后，才想起，该把这个好消息给母亲分享一下才是。

轻轻推开门，她一下子呆住了。满头大汗的母亲，竟是蹲在地上，将撒得到处都是的古铜币，一枚枚地按父亲原本分好的类别，捡回抽屉里去。那些在她的印象里，一向锈迹斑斑、黯淡无光的古铜币，此刻，却是一个个的，锃光发亮，明晃晃的，几乎逼得眼睛生疼。

那一刻，她终于知道，原来几年来的每一个寂寞的夜晚，母亲就是用这样的方式，把自己折磨得心神俱疲、了无欲望之后，才会日日得以安眠！

等到后来她又偶尔得知，那位已经搬了家的中年男子，其实是父亲临终前，找的值得让母亲依靠一生的爱人时，她几乎泣不成声。她刚刚明白，有了爱情，一个女人会像花儿一样，纵情地绽放一生也不枯萎，她的母亲，却早已在被她生生扼杀掉的无爱的岁月里，老得不仅没人来爱，也没有一颗可以爱人的心了。

欠母亲的一场爱情，她知道，纵是倾尽自己所有的关爱，她也是没有办法偿还了。

只当他们不存在

●李红都

　　第二天就要进入市残疾人演讲决赛了，一直充当我的教练兼观众的朋友不放心，再次主动来检验我排练的效果。

　　我当然求之不得，毕恭毕敬地搬了张椅子请朋友坐下来，然后挺胸、静立片刻，开始进入演讲状态。

　　"各位领导、各位评委、亲爱的朋友们：大家好……"我笑容可掬地向假扮评委和观众的朋友深鞠一躬，刚一抬头，居然发现他拿着手机正在接听电话，是停下来等他听完，还是不管他，接着讲下去？犹豫片刻，我很快镇定住情绪，声情并茂地演讲下去。

　　"曾有人问我，你恨不恨造成你双耳失聪的那个庸医？你抱怨不抱怨因为残疾而变得坎坷曲折的命运……"沉浸在自己的讲述中，又忆起刚失聪时的痛苦，我的眼睛不由得湿润了。

　　讲错了什么吗？我发现朋友突然右手捂嘴，低头偷笑。什么地方令他发笑呢？是不是我的头发乱了？我下意识地用手梳理了下头发，朋友忍着笑，肩膀轻微地晃动着。我一下子乱了方寸，脸胀得通红。

朋友放下捂嘴的手，调整回严肃的表情，打着手势示意我继续。我深吸一口气后，又开始讲了下去。

"我抓起桌上的杯子，使劲地往地上摔去。玻璃的碎片滚了一地，亮闪闪的，像我伤心的泪滴……"我努力让自己重新投入演讲状态，可一看，天啊，朋友居然离开座位走到堆放办公杂物的阳台上去了。

"哼，不想听拉倒！还有别人听，我得对专心听我演讲的人负责。"我果断地调理好情绪，眼睛不再看朋友，只当他不存在。

我沉浸在往事的的回忆中，岁月中的那些冷暖历历在目，帮助过我的那些善良人一一涌出，那些人性的光芒映亮了我的眼睛……

我的目光在空荡荡的办公室中游移着，假想着很多观众正在认真地听我的演讲，他们在我的故事中和我一起流泪、欢笑、感恩、憧憬……

激情重新回到我的身上，我动情地讲述着，仿佛面前坐的都是我最诚挚的朋友，我正打开心扉与友人促膝相谈，以至于朋友什么时候从阳台上返回，重新坐在椅子上我也没注意。我的眼睛不再看他，直到演讲完后，我的目光才重新回到他身上。

"啪啪啪啪……"朋友鼓起了掌声，我没好气地说："你在给我喝倒彩吧？"

"生气了？怪我刚才没认真听你演讲是不是？嘿嘿，刚才那些动作都是我故意的，你看，手机一直关着呢。我假装接听电话，扰乱你思绪；假装挑你毛病的观众或明或暗的言行，打击你的积极性；假装心不在焉的观众走来走去，分散你的注意力……还行，你起先有些不知所措，后来不在意了，那些打扰你的表情和动作，根本影响不到你了，明天决赛时就这样。别让一些有意无意的言行扰乱了你的思维，只当他们不存在……"

我的火气顷刻间化为烟云。

第二天的决赛设在宾馆大厅，观众很多很杂，有专门的评委和残联领导、各类残疾人朋友及他们的亲属，宾馆的服务员也好奇地站在后面张望着，不少到这家宾馆办事和吃饭的"无关"人员看到了，也过来"凑热闹"，场面有些杂乱。有位选手，看到后面走来走去的观众，思路一时"短路"，红着脸下台了。我也有些紧张，想起昨天朋友的调教，我暗暗给自己打气：那些扰乱我思维的言行，只当不存在……

走上演讲台，我深吸一口气调整好情绪，微笑地开始了我的演讲。我的目光如蜻蜓点水，缓缓地掠过台下观众，目光所至之处，果然看到台下有不少漫不经心的听众，有人在打手机，有人在交头接耳，还有人突然离开座位……还好，我已做好了准备。我的目光只停在那些关注我的人身上，那些漫不经意的人，我看也不看。

那天，我发挥出了自己最好的水平，如愿获得了奖项。

我在掌声中走下了演讲台，心里感慨万分：人生，不也如一台演讲会？有人关注你、鼓励你，有人轻视你、打击你，还有人根本不留意你，漫不经心地充当你人生的过客，想成功的你，只需在意那些关注和鼓励你的人，那些扰乱你心神的人，根本不需要理会，只当他们不存在。

自得其乐才是真快乐

● 张旭辉

晚上朋友聊天，问我参没参加一个评奖。我说没有，他说我傻，人家都在争，你为什么不去抢。我说我哪里傻了，明知道抢不过人家还硬要往上冲，这才是真傻。评上了当然揽金揽银，有利有名，可是如果评不上，我会生气，会心理不平衡。一生气说不定血压高，血压高说不定脑溢血，脑溢血说不定半身不遂……

所以说这样的"好事"当头，轮得上最好，轮不上也别拼着老命抢。好比一个人跳舞，线在别人手里牵着；一个人唱歌，上下颌被别人掰着一张一合。大幕拉开，看着是台前的人风光，等大幕合上，所谓的演员不过一个木偶，一纸皮影，被三下五除二关进黑箱，任凭它自己在黑暗里一颗心期待、盼望、失落、惶恐、愤怒、丧气、昏昏欲死又永无宁日，而别人在阳光下大笑、奔跑、幸福、快乐。写到这里想起我一个朋友，因为"壮志未酬"，神经失常，大冷天光着腿穿丝袜，见面就让人做她的"亲兵"，因为她是从宇宙来的神……

人是不能贪的，不是因为豁达，而是因为害怕。

害怕不能自得其乐。

人生一世，生也苦，死也苦，老也苦，病也苦，爱别离，怨憎会，求不得，无一不苦，跟一座五行山似的，把一只活蹦乱跳的猴子快压死了。可是看那电视里演的，被压的猴子居然也能找快乐。樵夫在他面前扒柴挑菜，他和人家搭讪，无人的时候，伸着能动的手捉蝴蝶。

这份快乐是自己找来的，就跟网上曾经流行的"偷菜"似的。明明一个个上班上得快要累死了，办事不力快被老板骂死了，太过出色又快被同事排挤死了，下了班又被老妈逼着相亲，烦也烦死了，结了婚的被老婆骂得狗血淋头，恨不得钻地缝憋死自己算了，按理说人生如此灰暗，应该痛不欲生的，却一个个都有这份闲心，半夜爬起来上网偷人家的土豆萝卜人参果。

专家煞有介事地说这是因为老百姓心理空虚，没有寄托，孤单寂寞，且兜里又瘪，没钱买房买车，就只好在网络中意淫一把。其实哪有那么复杂，不过是因为这款游戏提供了一种惠而不费的快乐。反正苹果不是真苹果，梨也不是真梨，偷了又不犯罪，在现实中被种种规则束缚着，如今却可以客串一把小偷、窃贼，岂不快哉，不亦乐乎。

若能把这种精神带到现实中，就更了不起了。

读一篇小文章，说到一家香港人节俭到从不出门饮茶吃饭，省下钱来置了一处"豪宅"——折合我们的 36 平方米，以男主人一米七八的身高，他坐在自家那张半新的布艺沙发上，把脚搭到对面靠墙排放的矮凳上，脚底板就能顶住墙，居然还惬意得很，一副功成名就的模样。

这样的人没有傻到不知道自己穷，不知道真正的豪宅长什么样，他只是把苦日子当成甜日子过。好比农耕时代的老农民，信奉锄头下有雨，庄稼地里有黄金，一个汗珠摔八瓣挣来自己的衣食住行，扛锄回家的路上还能唱歌。因为所求不多，所以活得快乐。

天大地大，每个人都像蚂蚁和老鼠一样微小而尴尬。但是，蚂蚁会时常地扛一粒米回窝，老鼠又会没事拖一片菜叶子回家，各安其土，各守其分，不贪大，不求多，小日子也可以过得美滋滋的。

人生只有四样乐，这四乐还不是真正意义的乐：金榜题名不是乐，乐完了跑去当官，如履薄冰，战战兢兢；久旱逢雨不是乐，乐完了要下地干活，手上脚上都磨得起泡；他乡遇旧不是乐，乐完了他说不定要跟你借钱呢，你是给呀，还是不给呀；洞房花烛不是乐，乐完了，说不定会发现自己娶了一头母狮子呢。真正的乐其实只有一个，就是无论任何境地，都能够自得其乐，就像那只著名的水壶，屁股烧得红红的啦，还有心情坐在那里吹口哨。

别把自己当"爷"

● 刘代领

三个月前，几个朋友相聚，张三抱怨起自己的领导，扬言要辞职。朋友们都问他想要去哪里高就？

张三说还没有目标，就是觉得在一个杂志社待久了，工资也不见涨，工作起来也没以前那么有干劲了。还说他好歹是个主编，到哪个杂志社还能找不到工作？

确实，张三在这家杂志社五六年了。从当初的小编辑，到坐在主编的位置上，张三两年就做到了。当然，张三是有点才的。当时，朋友们对他很是赞叹，觉得他遇到了一位赏识他的领导。用张三的话说，从一位刚毕业的、几乎不懂怎样做编辑的大学生，到能主编一本发行还不错的杂志主编，不能否认人家杂志社领导对他的信任和栽培。

朋友们劝张三不要轻易辞职。有的朋友劝他还是要好好调整自己的心态。树挪死，人挪活，怕啥？张三说得也不无道理。有的朋友说现在大学生不知道有多少还没找到工作呢，还是好好珍惜自己的工作吧，何况他的工作还不错。领导不给加工资就拍拍屁股立马走人，张三说得朋友们也无言了。

不多久，有朋友问张三辞职了没？张三说，没有，想先给领导提加工资的事，不给加就辞职。几天后，有朋友又问张三他的领导答应了给他加工资没？张三说领导没答应，此处不留爷，自有留爷处，辞职决定他是想好了。几天后，有朋友又问张三辞职的事。张三说领导挽留了他一下，但他毅然决然地辞职了。

"海阔凭鱼跃，天高任鸟飞。"朋友们相聚时只好对张三祝福了。"长风破浪会有时，直挂云帆济沧海。"张三在酒桌上也是豪情满怀。

前几天，几个朋友又相聚，还没找到适合工作的张三说，找工作的过程中，他了解到，虽然满大街找工作的人很多，但实际情况是工作在找合适的人，以前觉得自己了不起，现在知道世界上比自己强的人太多、太多了。张三后悔辞职了，还说原杂志领导挽留了他一下的说法是假的，人家领导根本就没有挽留他，大笔一挥"同意"就让他走了。"天生我才必有用，没有工作不中用。"张三自嘲地说，"大爷当不得啊！"

不论在哪里工作，好好工作才是真正的大道，而这大道通顺利、通财气。别把自己当大爷，你是为老板而打工，不是老板为你而打工。跳槽，要跳得起，跳得有资本，有能力。不是说不能跳槽，否则也不现实。正确的跳槽，会将人带入职业成长的快车道；而错误的跳槽，则将人带往职业生涯的停车场。那种以跟人置气为目的的辞职和跳槽，最终只能惩罚自己。

用纯净透明的眼睛看世界

●张诗雨

和朋友们一起喝茶，一边呷着杯里淡翠的茶水，一边听其中一个絮絮地讲生活趣事，细细碎碎的声音如梦似幻，伴随着缭绕柔净的音乐，宁静妥帖如在天外。

通常这种场合，我就是一堵有嘴的墙。自从数年前偶然因病发声困难，就养成了沉默哑静的习惯，渐渐觉出做背景的好。从容淡漠，好像和身边世界一瞬间拉开十数年，神游天外很方便。

结果另一个朋友端详了我一会儿，说："你是个有城府的人。"

"啊？"我纳闷，"为什么？"

"有城府的人才会沉默，不动声色，就像你似的。"

"……"

这个话题一笑而过。它引发的后续反应是我当时没想到的。

后来一群人聚会，男男女女三三两两说说笑笑，那个讲生活趣事的朋友到得晚些，来后便和几乎所有人打招呼，却是目光像水银，从我的身上轻巧滑过，不肯停留片刻。看来大家对"城府"这个词普遍反感，生怕自己心眼缺缺，别人七窍玲珑，不定什么时候就被卖了，所以对盖了"有城府"的戳子的人，为自保起见，有多远离多远。

真冤。

《三国演义》里，曹操奔逃途中，借宿老头吕伯奢家，老吕的家人在后院商议宰猪宰羊招待贵客，"先宰哪个？"惹他生疑，以为要害自己，心头怒起，屠了吕家满门。这个人心性奸狡，长一双鬼眼，看出去的世界自然也是鬼影瞳瞳；《乱世佳人》里的玫兰妮，斯佳丽恬不知耻地爱着她的老公，还当她是情敌，恨不得掐死了事，她却拿斯佳丽当闺中密友，坚决站在因和自己丈夫拥抱而身败名裂的斯佳丽身边，用实际行动维护对方清誉。这人天生长就一双佛眼，看到人人都纯净美好，整个世界金碧辉煌、佛光普照。

身外世界原本就是自己心理的一个投射，一千人眼中准有一千个哈姆雷特。鬼眼看鬼，佛眼看佛，凡人好比走钢丝，左摇右摆，半鬼半佛。一个"有城府"的评价害我莫名其妙遭冷落，从这个角度讲我是受害者；可是万一人家没这么想，只不过一时疏忽，忘记和我打招呼呢？我却派人家这么个大不是，我岂不也成了一个心怀鬼胎的人，一个害人者？

所以周国平会说，我们生活的世界风尘弥漫，道路纵横，稍有偏颇就会误入歧途；我们的心灵更复杂，混沌迷茫，无所适从，稍有执著就会走火入魔。所以有必要把大脑的温度降低一点，保持平常心，才不会被妄念和偏执所控制，成为头脑清醒、事理畅达、境界超然、充满智慧的人，人生也会更超然，更洒脱。换句话说，他的意思就是要把王国维笔下"感时花溅泪，恨别鸟惊心"的"有我之境"，变成无拘无碍、透明清澈的"无我"，才能活得更轻松、更快乐。到这个时候，管他别人城府有多深，作用于自己身上也好比捉影捕风，徒劳无功，又有什么好害怕和要紧的？

一个小女孩跟着妈妈坐火车，中途上来一个面目阴沉的乘客，衣着肮脏，所过之处众人无不掩鼻，面露睥睨之色，而且都不自觉地捂紧了钱包。看到这些举动，这个年轻的乘客眼神变得阴鸷狠毒。他在小孩的身边找到一个空位，疲惫地坐下闭目养神。忽然，一双小手拉了拉他的衣角，他睁开眼看，小姑娘手里拿着一个苹果，正甜甜地笑着，口齿不清地说："叔叔，吃果果。"他的手伸出去，简直不是手，就是一双在土里刨来刨去找虫子吃的鸡爪子，干瘦、漆黑、羸弱。捧着这只红红的大苹果，不知道为什么，他一下子泪如雨落。

半夜，人们昏昏而睡，这个神秘的乘客下车了。小女孩面前的小桌上放着一张纸条："亲爱的小姑娘，我输血感染了艾滋病，痛恨命运不公，原打算报复社会，是你救了我的心灵，我会好好走完剩下的生命旅程，然后在天堂微笑着向你送上祝福……"

人眼看人，佛眼看佛，不躁、不疑、不气，用一双透明纯净的眼睛看世界，这个世界就会变得而不是显得，更美好。

忍一时之气，免百日之忧

请息怒

● （印度）桑迪·马恩　孙开元　编译

前两天，我开车在一个十字路口向右拐弯时速度慢了一点，这对于后面那辆车的司机来说可能是耽误的时间太过漫长，令他无法忍受。于是乎，这位路怒症司机狂按喇叭，向我挥拳示威，接着就是甩过来一连串的谩骂，仿佛我是个杀人犯一样。

作为一名研究愤怒情绪管理的心理学专家，我一直对现在的人们为何如此爱发脾气感到好奇。每个人都有不高兴的时候，此乃人之常情。特蕾莎修女面对人们的贫穷拍案而起，甘地为到处发生的饥荒而热血沸腾，马丁·路德金为社会的不公而怒发冲冠。但是现在让很多人发火的好像是一些微不足道的事：时装连锁店卖的都是小号衣服、领导决策失误，虽然不是什么重大失误，如此这般。

这些事真的值得他们火冒三丈吗？或者说，除了这些烦恼，再也没有什么别的更值得让我们发火的事情了吗？

和所有的情绪一样，愤怒在人类历史上扮演过颇为重要的角色。愤怒让我们的祖先得以生存下来。如果在偷窃食物之人或者抢夺者面前畏缩退让，他们就会任人劫掠，毫无保护自己的能力。

真的，有研究显示，我们的愤怒反应的发展是我们进步的一部分。举个实验例子来说，如果我们面对几张愤怒面孔的照片，我们就会更积极地选择做一些有意义的事情。所以我们有理由说，别人的愤怒可以激励我们达到真正重要的目标。

愤怒还可以帮我们在社交群体中维持情绪平衡，我们不再满面春风，这表明我们对他人的做法不满，别人的一些行为需要改变，这样我们就不会将不良情绪转移到第三方身上。

但是在当今社会，那些直接威胁到生命的不公或危险不像荒蛮时代那样如同家常便饭，而愤怒反应在我们的脑子里却仍然根深蒂固，结果是为了让愤怒的火种不熄，我们就逐渐习惯了为那些微不足道的事情发火。

我们可能没有一个月不会听到一些小争执升级，最后远远超出应有规模的事情。比如不久前我就在媒体上看到，两位男士各骑一辆电动车，不留神在一家超市前撞在了一起，结果这两位路怒症患者拳脚相加，竟致一人丧命。还有调查显示，呼叫中心90%的话务员火气都很大，其中50%的人会拿眼前的电脑撒气，会动手打砸电脑。

所有此类会引发愤怒的不良情绪对我们来说都是有害身心健康的，但是"给你点脸色看看"好像不知不觉间已成了我们的一种交往策略。

问题的部分原因是我们的关注重点从以前的屋顶是否漏水，转移到了现在的餐馆饭菜是否够热，或者公司的哪个领导拿了奖金，换言之，随着生活水平的提高，我们对生活的期望值也在提升。甚至可以说，我们是让安逸生活给宠坏了，和刚学会走路的小孩子一样，想让每一件事都顺自己的心意，不同的是，遇到不如意的事情时，我们不像小孩子那样气得跺脚，而是选择了另外一些发泄方式。

社会上不守信用之类的不良风气也起到了推波助澜的作用，比如，超市承诺，如果排队者过多，他们将开一家新店，以免让你久等，而人们排成一条长龙时，超市又不恪守承诺，这就为人们的愤怒安装了一个导火索。

好消息是，只要我们能意识到自己的愤怒是小题大做，我们就能更理性地控制自己的情绪。为了不让脑子里的一个火星发展成一团愤怒的火焰，我们可以问自己这样一个简单问题，以此来作为自己衡量是否应该大发脾气的标准：这件意外事情能威胁到我的生存吗？如果答案是否定的，我们就能勒住愤怒之马的缰绳，不再为一点小事而大动肝火。

你能忍多久

● 薛臣艺

泰国有一种茶，看似很普通，茶叶的颜色黑乎乎的，刚入口时，味道奇苦无比。第1分钟，茶的味道糟透了，苦不堪言！第2分钟，又苦又涩，简直没法喝！第3分钟，请不要放弃，再喝一口！第4分钟，你的感受会好点，有点茶的味道了！第5分钟，一股清香飘然而至！第6分钟，苦尽甘来，甘甜的滋味如入太虚之境！

人生亦如此，"如果你能忍耐6分钟，就可以品尝到世间最香醇的茶。"这话说得不错，臭豆腐也是一个特例。

读大学时，有位北京的舍友，从北京带回真正的臭豆腐。早就听说过北京臭豆腐的大名了，虽臭但为了尝尝鲜，我大胆地拿起一块臭豆腐放进嘴里。刚开始那一阵，臭得简直要呕吐，还要不停地嚼，真是活受罪！真想把嘴里的臭豆腐吐出来，远离恶臭之苦。但想想，舍友从北京大老远带臭豆腐回学校给我们吃，怎么好意思浪费呢。看见几个舍友津津有味地嚼着，我也不甘落后，继续嚼臭豆腐。

嚼了两三分钟，臭豆腐不再臭了，香得不得了，一直香到肚子里。那一刻，才明白了什么臭尽香来。幸好，我没有吐掉，既保留了面子，又品尝了一大特色风味。一个字，忍，才没有白臭，才能品尝到臭豆腐独特的香味，日后才有了回味空间。

问题是，现实生活中，你能忍多久。你做错了事，老板批评你，你能忍吗？你和朋友闹矛盾，他骂你，你能忍吗？陌生人不小心刮到你，你觉得痛，你能忍吗？

是的，你血气方刚，你好强爱面子，你处处维护自己的利益。没错，但你想想，有多少人因为一件小事而冲动，最终杀机四起让本来鲜活的一条生命走向毁灭。而自己，也逃不过"杀人偿命"的法律惩罚。

今早，刚在网上看到一则新闻。一位小贩在街上违规摆摊，劝阻无效后，他的人力三轮车被两名城管拉走。恼羞成怒的小贩拿着水果刀从背后冲上去将一名城管捅伤将一名城管捅死。随后，杀人小贩被判死缓，缓期两年执行。宣判后，死者的母亲在法庭上对着小贩声嘶力竭地骂道："你遭报应了！"

忍一时，风平浪静；退一步，海阔天空。还是忍一忍吧，看开点，忍一忍总比动不动杀人要好。否则，你的人生将会痛苦无比。

而那些香，那些甜，都是在忍了许多苦之后，才得来的。忍苦，是为了今后的香、今后的甜。有忍耐的人，再大的坎也会迈过去的。

美丽的武器

● 金明春

有两个小学生，一开始经常为一些小事闹别扭，随着时间的增长，矛盾越来越多，积怨越来越深，他们像仇敌一样，一见面便将仇视的目光狠狠地瞪着对方。两个人都发誓要对方见血，发展到"决一死战"的程度。

班主任是一个"怪"老头，管理学生怪招迭出，总是出奇制胜。

他得知了那两个学生的事情之后，对他们说："你们之间有——"

"有仇！"没等老师说完，学生开口了，眼睛看着屋顶凶狠的样子。

"有什么大不了的事情，都成仇敌了？"老师开导说。

"仇大了！"他俩几乎异口同声地说。

"哼！早晚要教训你一顿！"一个说。

"哼！谁怕谁啊？"另一个也不示弱。

四只眼睛对视着，发出仇恨的目光，四只小手握成紧紧的拳头。

"哦！要决斗。"老师站起身来，对他俩说，"好！那就跟我来！"

老师把他们领到学校后的一块空地上，说："脱去你们的上衣。"

他俩一开始愣了一下，但马上又明白过来，对！决斗嘛，就得像外国武士一样光着脊梁。

老师又给他们一根长长的柴草："这是剑。"

这是什么剑啊，软软的，柔柔的。

"开始决斗吧！"老师命令道。

一场决斗开始了，那"武器"触到身上痒痒的，痒得人身体发麻、好想发笑。

打来斗去，最后两人都实在忍不住了。刚才的仇恨怒视，最后以笑声结束。

相视一笑泯恩仇，他们握手言和。

善良、宽容，是一种武器，可以化仇为友好，可以击败凶恶与狭隘。

这是一种智慧的武器。

这是一种美丽的武器。

这是一种锋利的武器。

这是一种善良的武器。

没有一件事是不幸运的

●瘦尽灯花

他原本是个播音员，然后在上世纪六十年代被派去任美国南部一个城市的一家广播电台的制作经理。可是他没想到，那里的加油站的每个加油台都将"白人专用"和"有色人种专用"分得清清楚楚，饭店、酒吧、旅馆、戏院、公车站，无不如此。

他应邀去当地一家人家里赴宴，冒冒失失地对有良好教养的男主人提出了自己的人权主义观点，结果这家男主人怒气上脸，勉强维持彬彬有礼的笑容，说："我们待我们的黑老弟们真的很友善。"然后问旁边的黑人老仆："老汤，你说是不是？"黑人男仆也只好维持着良好的、训练有素的教养，悄声说："那是个事实，老板，那是个事实。"然后悄然离开了房间。

他对这样的现状如坐针毡，在心里大喊："请把我带离这里吧！"

可是他的专业领域如此狭窄，离开这儿能上哪儿呢？

幸运的是，很快他接到一个陌生人的来电，说他们的广播电台在找一位节目部主任，别人把他推荐过来，说他很能干，最后那个人犹豫地补充了一点："在我们这里，工作的全部都是黑人。"

他不在乎，他大喜过望。就好像从河的一岸游到了另一岸，两个世界形成鲜明的分界线，他在这里学到了别处无法学到的真知灼见。

他很满意，希望一直干下去，可是好景不长，电台负责人不再让他当节目部的主任，而让他去做一个推销广告时间的推销员。真烦！处处吃白眼！工作不再是享受，成了沉重的负担。他再一次想离开，可是再一次被现状绊住了腿。他结婚了，第一个孩子也快出生，他需要钱。

他如此恼恨，以致于把自己关在车里猛捶方向盘，这次不是默默祈求，而是大声狂叫了："把我解救出来吧！"吓得一个过路人拍他的车门，问他是不是把自己锁在里边了。他只好狼狈地硬挤出一个笑容给人家看。

第二天，闹钟响起，他愤怒地翻身要按停，一刹那后背剧痛，好像刀锋插入骨缝。医生上门送诊，说他的椎间盘压伤，要花两三个月的时间卧床。

这下他几乎要大笑了，虽然公司毫不留情地把他解雇，他仍觉得如释重负。

当然，事实上，一个多月后，他有所好转，就得必须找一点事做来养家糊口。

他到一家日报社求见总编，说他需要工作，哪怕是洗地板、做工友都行。总编以前也听过他的大名，如今一言不发，安静聆听，过了一会儿，才问："你会写文章吗？"

"我会的，先生。"他回答。

总编说："好吧，你到新闻编辑室负责撰写讣闻、教堂新闻和俱乐部公告——给你两周时间。"

于是，他又有了一份始料不及的新工作，每天忙于写讣闻和教会新闻，修改由不同的社团、剧团、俱乐部等传来的新闻通讯。再没有什么工作比这更能把他锻炼成一个通才了。一天早晨，他的桌子上出现一张便条纸，上写：请接受每周五十元的加薪——他终于成了正式编辑中的一员。

五个月后，他有了第一个真正的"任务"——采访郡政府，这表示不久他就可以第一次在某篇文章的题目下署上自己的大名了。真令人兴奋！

从那时到现在，他的人生就这样像波浪一样在波峰和波谷间来回晃荡，有的时候看上去很倒霉，有的时候看上去很幸运，有的时候明明很幸运，却又很倒霉；有的时候明明很倒霉，却又很幸运，就像一个了不起的辩证法在他的身上具体显现，或者说，他的生命本身就是一个不断转化的、辩证的具象。现在，这个人已经成了著名作家，他的书曾雄踞《纽约时报》畅销书排行榜两年半，迄今已经卖出 1200 万本，被翻译成 37 种语言。他的大名印在扉页上，还有他单手托腮，戴着细框眼镜，双目炯炯，长一脸大胡子的照片。这套书叫《与神对话》，它像风暴一样席卷了世界，给全世界的人都擦亮了一双双慧眼——他叫尼尔·唐纳·沃许（Neale Donald Walsch）。

你看，每一件事都是有用的。没有一件事不是幸运，它们打造成一个个的链环，然后联结起来，形成每个人的生命之链，凭靠着它们，你可以一步一步，凌峰越谷，走到自己一直想去的地方，那是灵魂的天堂。所以，当看似的厄运当头，不要忙着气恼，冷静下来，转到厄运的背面，你会发现幸福的通道。

可以没有爱

● 澜　涛

父亲去世早，我是和母亲相依为命长大的。

考上县城的高中后，我开始住校学习，做小学教师的母亲常常会流露出难以掩饰的想念和孤独。高一下学期开学不久，我向同学要了一只小猫，抱回家中。小猫刚刚一个月大，通体白色，没有一根杂毛，母亲十分喜欢，并给小猫取了名字：咪咪。

随着咪咪一天天长大，母亲和咪咪的感情越来越深。每每母亲去小村的邻居家，咪咪都会跟着母亲同去。母亲和邻居聊天，咪咪就趴在母亲身旁，谁叫它，哪怕是用美食诱惑，它都不动，等母亲要回家了，母亲只轻轻地唤叫一声"咪咪，回家"，咪咪就会起身跟着母亲回家。

每每我周末回家的时候，母亲总会不厌其烦地对我讲述着有关咪咪的一些奇闻乐事。每次听母亲津津有味地讲着，我的心里都会暖暖的，为母亲终于有了陪伴的伙伴。于是，我总会在时间允许的时候，去村旁的大河里捞一些小鱼回来，慰劳咪咪。

高三春天的一个周末，我像以往一样回家看望母亲，母亲一脸忧伤。我小心地问母亲怎么了，母亲的眼圈突然红了，告诉我，咪咪死了。

原来，邻居家丢了一只小鸡雏，邻居家的女主人一向以刁蛮不讲理出名，村民都习惯叫她"刁二嫂"。"刁二嫂"找到我家，说她丢失的鸡雏一定是被咪咪吃掉了，理由是，我家和她家东西院紧邻而居，而且小村只有咪咪一只猫。"刁二嫂"要求母亲赔她的鸡雏，不然就要拿咪咪顶死。母亲从未见过咪咪招惹小鸡，而且"刁二嫂"家小鸡雏丢失那天，咪咪一整天都陪母亲在家没有出去，但无论母亲如何解释，"刁二嫂"都一口咬定鸡雏就是被咪咪吃掉了，并开始骂起街来。母亲不再和"刁二嫂"争论，暗想，"刁二嫂"喊骂累了自然就离开了。但让母亲没有想到的是，"刁二嫂"趁母亲不注意用她从家里带来的木棍一下打向正趴在炕上的咪咪，毫无防备的咪咪一下被打破头骨，当即死亡。

咪咪的死亡给母亲带来极大的伤痛。我想去找"刁二嫂"评理，母亲拦住了我，表示猫已经死难复活，没必要去招惹"刁二嫂"。虽然我听从了母亲的话，没有去找"刁二嫂"评理，但心中对"刁二嫂"由此多了一份愤恨。

大约二十天后的又一个周末，我再次回家，母亲告诉我，"刁二嫂"家最近又接连丢了几只小鸡雏，而且，有一只鸡雏是在晚上被"刁二嫂"关在家中丢失的，"刁二嫂"经过两个晚上的观察，弄清楚了鸡雏是被黄鼠狼吃了。母亲说着，叹息着："咪咪死得冤啊！"咪咪终于清白，"刁二嫂"的无理刁蛮得到证实，我决定去找"刁二嫂"，让她赔一个咪咪。母亲拦住了我，我激动地对母亲说道："如果我们就这么忍了，她会以为我们好欺负。她太可恨了，必须找她算账！"母亲说道："我也不喜欢她。不过，我问你，咱家咪咪是怎么死的？"我被母亲的问话怔住了，我不知道母亲的话有什么用意，嘀咕着："咪咪是被'刁二嫂'打死的。"母亲摇了摇头，叹息了一声，说道："咪咪是被仇恨打死的。如果'刁二嫂'不那么怨恨……孩子，你要记住，我们可以不喜欢、不爱一个人，但一定不要有仇恨。"

我再一次怔呆在母亲的话前：我们可以没有爱，如果和仇恨比起来。

没有爱，或许难以迸发温暖和明媚，可悲可怜，但仇恨不仅会伤害无辜，甚至还可能将自己的天空布满阴霾，就是可怕了。

爱之外，不只有仇恨。

如今，我已经参加工作多年，但母亲那个夏天叮嘱我的话，我一直记得，并受益无穷。因为学会了不去仇恨，一些伤痛的日子，朋友赞叹我的淡定与从容，一些委屈的时刻，朋友钦佩我的包容与黠达。于是，有更多的温暖盈盈而来，有更多的情意紧紧相随，而我的心，也便有更多明媚与轻盈。

有一种海阔天空是——可以没有爱。

不是所有的PK，都有公平的规则

● 安　宁

　　亲爱的蓝，你写的信，其实我早已经收到，这些天来，我一直将它放在床头，翻来覆去地看，但还是不知该如何开口，给你并不想要的答案。作为比你年长 10 岁的姐姐，我理应给站在人生十字路口上的你，一个正确的、乐观的指引，可是，亲爱的蓝，我不能。

　　16 岁之前的你，一直活在成人为你编制的美好童话里，父母亲朋的帮助，让你将这个社会，看得过于单纯，世界在你的眼中，就是一个蓬松的甜蜜的棉花糖，或者一朵饱满芬芳的山茶花，闭起眼睛，闻一下，芳香沁人心脾。而今，我只是想唤醒你，睁眼看一看这个真实的世界，看一看除了良善、公平、无私、光明，这个社会，也同样有邪恶、不公、自私和阴暗。假若，某一天，你与它们不期而遇，那么，除了无休止的抱怨、失落，你被重重击打的心，该如何应对霜冻之后，依然是黑白交织的生活？

　　你说你的老师们总是告诉你，只要拼搏，就会有收获，命运对每个人，都是公平的；而你，也一直坚信，这次对你一年后保送名牌大学，具有决定意义的考试，你全身心的付出，必会换来丰硕的果实。你走出考场的时候，便自信满满地发短信告诉我，说，你的一只脚，已经迈进了名牌大学的门槛。这两年的努力，让你的综合排名，始终在整个年级的第一位。所有的老师，也都认为，你就是那个半年后，在光荣栏里熠熠闪耀的明星，你聪慧、勤奋、执著，多才多艺，讨每一个人喜欢，大大小小的比赛，一旦有你参加，稳坐冠军的，一定不会是别人。而这次的考试，不过是最后一扇，已经向你自动敞开的门。

可是，偏偏，与你一起竞争的，有校长的儿子。偏偏，批改语文试卷的老师，是竞争对手的班主任。于是，你昔日引以为傲、经常在各个班里当范文辗转的作文，反而成了此次考试的劣势，阅卷老师百般挑剔你的文章，一直挑到你的成绩，落在校长儿子的后面为止。

这样的结果，让你失落感伤了许久，你不明白之后发表在校报上引来一片喝彩的文章，为何在考试时，却得了如此不堪的一个分数。你曾为了准备写作的素材，查阅了很多的书，常常，在市图书馆里，从清晨泡到街灯次第亮起。你付出如许多的汗水，到头来，却收获了遍地的荒芜。不公鲜明得犹如白墙上的黑色油漆，你用了刀子，痛苦地去刮，却发现，一切都是徒劳。

亲爱的蓝，从你的母亲那里，知道你为此难过了许久，一度不知道该如何面对仰慕你能有机会保送重点大学的同学，你怕那些幸灾乐祸的讥讽，你怕老师额外的关心，你怕亲戚朋友的追问，每一次被人提起，都似将那刚刚结疤的伤口，硬生生撕裂开来，疼痛，锥心蚀骨。这是你第一次面对如此残酷的不公，你不知所措，你辗转反侧却依然想不明白。你问我，大人们说的话，是不是都是假的？为何他们告诉你努力的时候，忘了告诉你，这个世界上，不是所有的事情，只要努力，就能成功的，而假如不公站在你的面前，生生地将机会夺走，那么，你又该如何应对？

是的，蓝，不是所有的PK，都有公平的规则。总有一些人，千方百计地寻找规则的漏洞，趁机跳到你的前面，让你所有的辛劳，都付诸东流。而这时，你究竟是执拗地与这种不公斤斤计较，甚至穷尽你的整个青春，都走不出它的阴影，还是淡淡地一笑，权当一次人生的经验，便继续你的行程？亲爱的蓝，失去了保送的机会，你还有一次高考，命运在向你关闭一扇门的时候，你应该学会，继续前行，寻找另外一扇通向鸟语花香的大门。

亲爱的蓝，当你向我抱怨的时候，其实我也经历了同样的不公，研究生毕业的我，携着优秀的成绩，奔波于大大小小的报社、学校、电台或者公司，可是总有人，找出这样那样的理由，将面试成绩排在前列的我刷掉，性别、学历、长相、地域，都能成为我被拒绝的理由。假若我在这样清晰的不公面前，与你一样，焦灼、忿然、迷茫，甚至是放纵自己，那么，或许关掉的，不仅是这一扇门，更多的门，在我犹豫徘徊和无休止的抱怨牢骚中，皆冷漠地闭合。

没有什么机会，会等在你必经的路口；而注定的不公，不管你如何地去讨去要，它都难以再回到你的身边。所以亲爱的蓝，为何要在你无力争取来的荣耀面前，用悲伤和泪水度日，并因此，错失那些可以让你公平地展示自己的PK？

亲爱的蓝，原谅这一次我无法给予你任何的良方，助你夺回本应属于你的骄傲。比你多走的十年的路，让我只能如此残酷地告诉你，童话的结局，不只是温暖与幸福；你所做的，是怀揣着童话，在跌跌撞撞中，找寻另外一片明朗的晴空。

懂得忍让，方能避祸

● 若　蝶

有天看到一篇文章，说的是古时有位尤翁家底殷实，在长州开了三家当铺。有一年年底，其中一家当铺传出吵闹声，一位伙计气呼呼地跑来对尤翁说："有个无赖，原先在这里押了几件棉衣，今天分文没带，却要取回，不给他就不肯罢休，还破口大骂，没见过这样不讲理的人！"

尤翁出来一看，是位穷街坊，就命店伙计找出他的典物。尤翁指着棉袄对他说："这件衣服你拿去穿吧，大冷天的，你正需要。"又指着棉袍说："这件就算我给你拜年用了，你也拿回去吧。"那人拿回衣服，自觉无趣，只得灰溜溜地走了。

没想到，当天夜里，那位无赖竟死在了别人家里。原来这人因为到了年底，被人追债，本想到尤家闹事，借机敲上一笔，但见尤翁宽容大度，没寻到机会，才转到另外一家，结果就在那家服毒死了。后来那家人被无赖的亲属告到官府，打了一年多的官司。有人问尤翁当时怎么忍住了气，尤翁回答："凡无理来挑衅的人，一定有所依仗。如果不知道忍让，那就会惹祸上身。"

想那尤翁真是个智者，懂得穿鞋的不与光脚的死嗑的道理。因忍住了一时之气，从而避开了一场祸端。

但生活中我们常常见到，因为一点小事互不相让，结果闹出大事的事例。我居住的小区曾出过一件轰动全市的大案。事情的起因仅仅因为一条小狗。一对夫妻开车回家时，不小心在小区里撞死了一名保安养的小狗，保安十分气愤要求赔偿，开口要价三千元。夫妻俩坚决不同意，双方僵持了几天，事情依然没有解决，保安每天紧逼着夫妻俩拿出赔偿金，被逼急了，女业主开始出口侮骂，说保安借机敲诈，是穷疯了吧。

几天后的一个黄昏，悲剧在血色残阳下发生了。保安再次敲开了业主的房门，双方发生了激烈的言语争执，没料到丧心病狂的保安，突然抽出一把尖刀，朝夫妻俩一顿乱捅，夫妻俩当即死在了刀刃下，保安随后拨通了报警电话。然而悲剧并没有到此结束，不一会，小区的居民和民警在楼下的草坪，发现一个女孩倒在血泊里，送到医院没能抢救过来，死者是夫妻俩正在上初中的女儿。原来当时女孩正好放学在家，目睹了父母惨遭杀害的一幕，当保安离开后，崩溃的孩子随即从6楼跳了下来。

当我听闻这个发生在身边的惨剧时，整个身心都在不住地颤抖。一桩灭门惨案不过源于一件普通的小事，这世上大部分的罪恶都发生在一时之气上。不知道那位保安在放下屠刀的一瞬，有没有痛心疾首地猛然悔悟，也许心里的气是出了，可这代价是他能承担的吗？四条人命，两家人的幸福呀！

忍一时之气，方能免一世之忧。莫让一时的冲动，冲毁了幸福的堤坝，一旦决堤，你拿什么去后悔？

超市里的哲学家

●王　磊

我曾经在超市里遇到过一位睿智的哲学家。

我们第一次相遇，是在我经常光顾的一家超市里。那天，我走到卖海产品的摊位前，明显有些紧张拘谨的她正在理货，从她略显慌乱的动作中，明显可以看出她可能是刚来这里工作不久。接下来发生的事情很快就印证了我的判断，一个和她年纪相仿的员工从摊位侧面大步走过来，急促地催她快点把商品摆好，语气有些不善。而四十多岁的她面对对方明显不太友好的态度，却只是面带微笑，既不争辩什么，又丝毫不会放缓手中正在忙活的工作。

就在这时，一个顾客来买海带丝，她那个有些多嘴而且举动略显急躁无礼的同事转身去和顾客沟通。谁也没想到，才说了几句话，顾客就对她同事的态度非常不满，双方的语言里都带了一些火药味。最后，顾客看了看她的同事，懒得再和她理论，转身离开了。

她同事拉着脸转过身来，看到她还在忙活刚才的工作，突然提高嗓门大声让她去拿些商品。她同事的声音不小，一下子把四周正在购物的顾客们的目光全都吸引过来了。她同事不太礼貌的举动让周围的顾客们都看不下去了，一个老爷子看了看她同事，嘟囔道："这是什么人呀！怎么这么和人说话呢！"

现场的气氛一下子尴尬了起来，刚才脸上还一直挂着笑容的她也忍不住了，表情立刻就变了。她猛地站直了身体，握紧了拳头，嘴角剧烈地抽动了几下。但是，几秒钟之后，她的脸上又重新露出了淡淡的微笑。"你说的商品咱们暂时也用不上，我过一会再去拿好吗？我是新来的，工作上肯定有需要改善的地方，如果有什么做得不好的，还请你多包涵！不过，咱们最重要的还是要先把工作做好不是？只有把工作做好了，才对咱们最有利。现在周围有不少顾客，咱们有什么话可以以后再说，先把工作做好了才是硬道理，你说对吗？"

她这一番话把同事说得哑口无言，对方只好哼了一声，就再也不说话了。

随后，她仍旧笑容满面地忙活着，有顾客走过来，她就热情地向对方介绍自己负责的商品。看到这一幕的人都纷纷向她投去了赞赏的目光，我也因为这件事情，对她有了很深的印象。

因为常去这家超市，时间一久，我和她也渐渐熟悉了起来。后来，我问过她为什么能在短短的时间里就把那么棘手的一件难题给解决了，她憨笑着告诉我："我有自己做人的原则和方法。如果一旦和别人发生了矛盾或是处于一个让人很头疼的环境里，那么我首先会保证做人的尊严，我可以礼让你，但不能任你欺负；其次，我会尽快地让自己冷静下来，以免冲动做错事；最后，就是找到一个对双方都有利的解决方案，这样大家还可以和和气气地把事情圆满解决了，多好！"

她总是很谦虚地和我说自己读书不多，但是我知道她读懂了一本很多人都没读懂的书，那本书叫做"生活"。她在看似琐碎乏味的生活细节中读懂了应该怎样为人处世、待人接物，她的言谈举止看似平常，却处处散发着睿智的芬芳。在如何与人相处这门学问中，她是一个充满智慧的哲学家。

你若盛开，清风自来

● 曾少令

特别喜欢"你若盛开，清风自来"这句话，是喜欢到骨子里的那种喜欢。读起来凉意盎然的，有种飘飘然的感觉，却能让人想要如花般绽放，待到清风来时，花香满溢，定是能感动人的。

花儿每次盛开，注定是要经历疼痛的洗礼，展现曼妙的身姿。一意孤行地盛开，开到荼蘼花事了，傲骨挺姿，生怕辜负季节的恩泽。哪怕世事如何变幻莫测，世态如何炎凉，生活如何困苦，它总是恣意地盛开，独自芬芳，清风拂来，暗香涌动……

一个人总是要尝试孤身作战，去走陌生的路，听陌生的歌，住陌生的城市，看陌生的风景。面对现实的残酷与别人的冷漠，我们要学会自己舔愈伤口，要相信，在陌生的环境里，终究有那么一天，你如花般盛开，香气袭人，为苍白的人生平添绚丽的色彩，煞是惊艳，迷人。要知道，每个人都是上帝的宠儿，好好地活着，花期自会到来，幸福也将悄然而至。

若是平白无故被误解，解释却成了掩饰，甚至被反咬一口，此时，你不需绝望，不需生气，更不需大骂。佛说："根本不必回头去看咒骂你的人是谁？如果有一条疯狗咬你一口，难道你也要趴下去反咬它一口吗？"

人确实要学会隐忍，心中才会澄净明亮，任何疯言疯语都中伤不了你。嘴巴是别人的，人生确是自己的。你有你的看法，我有我的原则，我不能阻止你恶语伤人，但我能两耳不闻，心若自在，活在自己的小天地里，照样花团锦簇，四季来，花自开，清风至，馥郁芳香。多一点枝枝节节，那就多开一些花。你就是那一朵花，坚强，动人，温婉，淡雅。

三毛曾说："我笑，便面如春花，定是能感动人的，任他是谁。"人生苦短，白驹过隙，生命不必委曲求全，不要让自己留下遗憾，做自己喜欢做的事，以自己想要的方式生活，即使在淤泥里也要开出艳丽的花朵，好好疼爱自己，宠爱自己，相信自己。

近来看史铁生的随笔，让我肃然起敬，俯首称臣。他的文字是那么真实，全无矫揉造作之态，字里行间，深沉，温和，敦厚，充满生机与希望。身体上的残缺，并未使他自暴自弃，面对疾病的折磨，他曾有过轻生的念头，但他给了自己一个机会，再活一活试试。常言道："上帝在给你关闭一扇门的时候，也会给你打开一扇窗。"如果说残疾就是上帝关门的警示，那么写作就是那扇窗，让他的生命开出花来，是使他活下去的勇气和信心，并且活得精彩。其实，不必讶异，不必慨叹，好好欣赏生活赐予的残缺，在残缺上开出傲骨的花，残缺也是一种美，衬托出你人格的健全和心灵的芬芳。

没有创伤的珍珠贝怎会有迷人闪烁的珍珠。同样，一星陨落，还有月亮星辰，暗淡不了整个星空；一叶飘零，还有绿树红花，荒芜不了整个春天。面对生活中的苦与难，我们能做的，就是让生命尽量开花。从容淡定，坐看云起，岁月静好，浅笑安然。

茫茫尘海，漫漫人生，再回首时，恍然如梦。人之一生，苦也罢，乐也罢，得也罢，失也罢，要紧的是心间的一方净土不能死气沉沉，黯淡无光。哪怕沧海桑田、世态炎凉，你若盛开，清风阵阵，命里有时终须有，想要的自会有的，该来的总会到来。

吞下了委屈，喂大了格局

●张金玲

　　曼德拉曾被关在荒凉的大西洋小岛罗本岛上27年，那里，到处是海豹、毒蛇和其他危险动物。曼德拉被关在锌皮房里，白天要去采石头，有时还要下到冰冷的海里捞海带，夜晚则被限制一切自由。因为曼德拉是要犯，专门看守他的人就有3个。他们总是寻找各种理由虐待他，动不动就用铁锹痛殴他，甚至故意往饭里泼泔水，强迫他吃下……

　　1994年，曼德拉顺利当选为南非总统。5月的一天，当年的看守员收到了曼德拉亲自签署的就职仪式邀请函。他们只能忐忑不安地去参加。

　　就职仪式开始，年迈的曼德拉起身致辞，他先介绍了各国政要，然后说："能够接待这么多尊贵的客人，我深感荣幸。可更让我高兴的是，当年陪伴我在罗本岛度过艰难岁月的三位狱警也来到了现场。"随即，他把三人介绍给大家，并逐一与他们拥抱。"我年轻时性子急脾气暴，在狱中，正是在他们三位的帮助下，我才学会了控制情绪……"曼德拉这一番出人意料的话，让虐待了他 27 年的三人无地自容，更让所有在场的人肃然起敬。人群中爆发出经久不息的掌声。

仪式结束后，曼德拉再次走到他们身边，平静地说："牢狱岁月给了我时间与激励，感恩与宽容经常是源自痛苦与磨难的，必须以极大的毅力来训练。"

隐忍力是一种蓄积的惊人的力量。曼德拉吞下的是羞辱，喂大的却是格局。他以豁达随和的处世态度，赢得了世人永恒的敬重，也为自己的生命收获了一份高贵的尊严！

曾国藩 20 岁左右求学衡阳时，同舍里有一个叫杨甫瑞的同窗。杨甫瑞依仗家里的权势，平时十分骄横，对于学业明显比他优秀的曾国藩，也是处处刁难。

一天，曾国藩坐在窗前，就着窗外的光线大声朗读《左传》，读得正专心，杨甫瑞大声吼道："曾国藩，你把窗户的光都挡住了，我怎么看书啊，还不赶紧挪开！"此时，杨甫瑞其实并未读书，而且他的床靠着窗户的另一侧，也未完全被遮住光线。曾国藩很生气，想和他理论，但还是压住了火气，把凳子移到自己的床前，重新读起来。

到了晚上，曾国藩继续在灯下读书，杨甫瑞又冲他喊叫："你现在读书，让我们怎么睡觉？"曾国藩听了，抬头朝他笑了笑，默读起来。

不久，曾国藩中了举人，同窗都纷纷向他祝贺。杨甫瑞却大发雷霆，冲曾国藩嚷道："这屋里的风水原是我的，你一来就夺走了。"一旁的同学非常反感，质问他："曾国藩的书案不是你定的位置吗，怎么现在又反咬一口？"杨甫瑞仍强词夺理地说："就是他夺了我的风水。"大家都纷纷指责杨甫瑞，倒是曾国藩过来劝解大家，不要为这点小事再与之争论，大家顿时对曾国藩刮目相看。

曾国藩以后仕途通达，成为晚清将帅之才，这跟他年轻时候就初露端倪的隐忍气度，不能说没有关系。

人生总会遇到挫折，总会有低潮，总会有不被人理解的时候，这既是人深感失败的时候，也恰恰是人生最关键的时候，因为大家都会面临考验，而大多数人受不了这些委屈，过不了这个门槛，你忍耐住了，你就成功了。

悔

● 三杯绿茶

婆婆已经去世 100 天了，她的心却仍然不能平息。

说起她们的婆媳关系，可谓一波三折。

刚结婚时，偶尔回趟老家，婆婆都不让她进厨房，一个人忙里忙外，煮粥炒菜，殷勤劝饭。冬天的晚上，让她在最暖和的炕头睡。婆婆的热情周到让从小没有母亲的她有一种暖暖的感觉。

儿子出生后，眼看她六个月的产假已满，学校急招她回去上班，求助婆婆来看两周的孩子，两周后放暑假。婆婆来了，耷拉着脸，满脸的不情愿，据说是家里正忙。从那时起，她对婆婆的印象大打折扣。

暑假马上结束，孩子也将近八个月大，老公低声下气地问婆婆能不能来看孩子，没想到她态度强硬地回绝："我出不来，你们别指望我！你二哥二嫂地里忙，他们的孩子上学跟着我吃饭。再说了，你们几个嫂子都是娘家给看的孩子，日子难的时候，婆婆看孩子，现在日子好了兴娘家人看孩子了。"婆婆的话让她感到无比气愤，原来最初的热情都是假象！

日子飞逝，转眼儿子已上初中，婆婆的身体也开始走下坡路，一年当中经常感冒，感冒了便必须要打针，每次五六天，一年当中四五次。老公是医生，在医院的陪伴和服侍基本都是她和老公的事，这时的婆婆对他们明显地疼爱起来。电话嘘寒问暖，从老家捎米带面，还把他们所有的旧被褥都翻新了一遍。她想：有娘真好！

　　很快，儿子上大学了，婆婆的身体更不比从前，自己做饭也吃力了，儿女们开始轮番侍候。冬天冷，婆婆到了她家。周五晚上，她和老公看浙江卫视的"好声音"评选，正看到兴奋处，婆婆要他们关掉电视睡觉，老公说："再看一会儿，你先去睡。"不到十分钟，婆婆突然推开卧室的门出来，站在客厅一角，气咻咻地骂起来："少调失教的东西，我说的话当耳旁风了？"她"啪"地关了电视，一摔门进了卧室。倒下不久，婆婆开始站在门口嚷起来："不知好歹的东西，我骂你们了么？让你们多睡点觉，不是向着你们么？还甩脸子……"老公起床把婆婆劝回去，她虽一声没吭，却气得一晚上没睡好。

　　第二天，婆婆以为她出去了，给老家的二哥打电话告状，竟然捏造她的不是，还委屈至极。她突然怒从心头起，恶向胆边生：当初孩子小用人的时候，你高高在上，袖手旁观；这么多年你打针住院都是我陪伴左右，你不知感恩，还骂骂咧咧；更可气的是还无功倨傲，管天管地，横行霸道！我绝不能忍下这口气，这个家不是你说了算！你不是想在这儿过年么？没门！她气昏了头，极力控制住情绪，用婉转的借口告诉婆婆，春节他们一家要外出，没法侍候她。婆婆情绪失控，开始到处打电话，二哥接她回家。

婆婆走后，她的理智开始恢复，大脑开始清醒，她开始后悔了。虽然老公没说什么，但是他忧郁的眼神像皮鞭一样抽打着她，她意识到自己做了一桩大逆不道的事。春节后，她主动提出去接婆婆，过年事件的阴影犹在，虽然她态度诚恳，但是婆婆仍然犹豫，最终也没接成。接下来，又去接过两次，也许对自己的命数有感知，婆婆不断担心自己命不久矣，她怕自己会老在别处，哪里也不敢去了。她心里的歉疚一日日悬在心口，生生地难受着。

五一那天早晨，婆婆突然去世。

伴随着婆婆的去世，她开始经常失眠，大脑像跑火车一样，与婆婆一幕幕的交集在脑子里过电影一般来来回回。她越来越觉得愧对她，她的好越来越突兀，她的不好慢慢缩小，小到不值一提！越是这样，她越是无法原谅自己，自责、无尽的痛悔似滔滔河水滚滚而来！她好希望这一切只是一场噩梦，婆婆还在人间，她仍有尽孝和弥补她老人家的机会。

偶然，午夜梦回，婆婆犹在，她欣喜不已！诚恳地对婆婆道歉，尽心服侍，面对婆婆平静谅解的面容，她的心中立时轻松许多。梦醒，有泪滑过面颊，好凉！她长长地叹了一口气，无比惆怅与遗憾地想到：真的没法弥补了，一念之恶，带来下半辈子无尽的折磨。

第五辑

把事看淡些，就没什么值得生气

驯服苦难这匹烈马

● 朱成玉

极少见过那么多苦难集于一身的人。她简直就是上帝的出气筒，上帝发脾气，拿着鞭子乱甩一气，她成了活靶子，浑身上下被抽打得伤痕累累、满目疮痍。

她是岳母家的邻居，一个美丽的妇人，一个被命运的风暴卷入谷底的人。

打小就死了爹娘，在姑母家过着寄人篱下的日子，终于挨到了嫁人的年龄，姑母迫不及待地将她嫁了出去。婚后没多久，丈夫得了股骨头坏死，一瘸一拐的啥活计也干不了，里里外外都指望她一个人。

女儿在中考的那一年，因为压力过大，学习学傻了，整个人处于半痴呆状态。

许久了，她一直住在村子里唯一的一个土坯房。房子在雨季，经常漏雨，她就常常请了左邻右舍帮着她修补房顶。这一次，没等房顶修好呢，一场大雨终于把这陈年的老古董冲塌了。

即便如此，村人们也从没在她嘴里听到过一丝叹息和任何抱怨，就连这房子被雨水冲塌了，她也会乐观地说："这下好，总算能下决心盖个房子，不然总是舍不得拆了它，老天爷给俺做决定了。"

不管生活多困苦，你都不会在她的脸上找到悲伤的答案。不仅如此，她还经常安慰别人，岳母最开始知道得了癌症那几日，每天茶饭不思唉声叹气，她天天来劝导岳母："癌症算个啥，好好治哪有治不好的病。你得好好活着，你看你多有福气，你现在享受的一个月的福，都够俺攒上一辈子的了。"

听她这么一开导，岳母开朗了许多。

村里很少有比她家穷的了，可她偏偏又是个乐善好施的主儿，不管谁家来要点啥，只要她有的，肯定是有求必应。夏天，她的园子里种的菜总比别人家的多，别人过来摘个黄瓜茄子啥的，都不用和她打招呼。

她的脸永远挂着灿烂的笑，她喜欢打扮自己，尽管没什么好衣服，也没什么好的化妆品，可她就是喜欢往自己的脸上涂脂抹粉。在地摊集市上，只要看到便宜的又不难看的衣服，她就会买回去，没有人知道她的箱子里到底有多少衣服。有一次，村里有三家办喜事的，这可把她忙坏了。每去完一家，就赶紧跑回家打开箱子换身衣服，一共换了三次，也就是这次，她在村里名声大噪。人们开玩笑，都叫她"三开箱"。

这"三开箱"自然是贬义的，村人都认为，她一个被苦日子浸泡着的人，就应该是坛老咸菜的样子。她的举动，无异于咸菜缸里忽然冒出翠生生的一株绿来，让人无比讶异。也有人在背地里八卦，说她指不定给家里的瘸子戴了几顶绿帽子呢！这话传到她的耳朵里，她也不生气，身正不怕影子歪，在那些长舌妇面前，反而更有力地扭几下屁股，秀一秀那妖娆的身姿。

人们询问她的近况，她总是"还好还好"地应着。人们失望地走开，似乎希望在她那里得到一点不幸的消息，用以减轻自己的不快。人们乐于欣赏别人的苦难，就像欣赏烟花一样自然，可是她从来不给他们看"烟花"的机会。

她从不向人兜售自己的苦难，用她自己的话讲，那样只会赚取别人廉价的眼泪，除此之外，还有什么作用呢？她也常常对她的瘸丈夫和痴女儿说：不要轻易把伤口给不相干的人看，因为别人看的是热闹，病的却是自己。

苦难不是用来晾晒的。晾晒苦难，苦难并不会蒸发和减少，只会更大面积地传播。

"这辈子谁还不吃点儿苦，苦瓜、婆婆丁、苦菜都是苦的吧，可俺就爱吃那口儿。"这是她常常挂在嘴边的话，说这些话的时候，嘴角依旧上扬，酒窝绽放。

原来，苦难会摧毁一个人，也可以把一个人变得如此娴静，如此淡雅。

苦难，在她面前，如同一匹被驯服的烈马，她握着命运的缰绳，驾轻就熟。

她让我懂得，消灭苦难的好办法，不是去晾晒，而是让它发酵，把它变成酒，喝掉。

阿巴斯给你甜美的樱桃

●安 宁

伊朗电影大师阿巴斯的这部《樱桃的滋味》，在十年前获戛纳电影节金棕榈大奖的时候，我还缩在一个小城里，像一只蛹，为了两年后黑色的 7 月，奋力地咬着自己作下的茧，奢望着什么时候，能够将一日日吞噬掉自己的绝望和无助，全都在振翅飞翔的那一刻，化为乌有。

那真是一段艰难的岁月，许多人常用忧伤的甜蜜，来提及青春的美好，亦在回忆的时候，文字里溢满了无限的温情和欢喜，似乎，那段生活，真的就像描述的那样，在时间的溪流中，泛着浅淡的光泽，所有的焦虑、绝望、感伤、孤单，都在其中，如悠游的水草，兀自安静。可是，真的是那样的么？结局的那抹温柔的橘黄，如此轻易地，就能够将往昔那些近乎残酷的挣扎和苦痛，一一隐去么？阿巴斯在《樱桃的滋味》中，用平实的镜头语言，让我再次回首了十年前的自己，且让我知道，其实一切都无法掩去，之所以当人走过一段又一段的坎坷，回望的时候，会微笑着感激，只是因为，我们在其中流下了太多的泪水，而每一步的跋涉，亦有真实的疼痛。而生活，正是因为真实，才这样柔软地触及了我们的心灵。

这当然是一个虚构的故事。一个叫巴迪的伊朗男人，在正值繁盛的中年，有钱有车，但却因为一些始终没有讲出的原因，而执拗地要去自杀。他在荒凉郊外的一颗樱桃树下，为自己挖掘了一个坟墓，而后开车在德黑兰的郊外，四处寻找一个能够在他死后，为他掩埋尸体的好心人，且试图用金钱，来劝说他们，接受这份报酬丰厚的工作。

他遇到了形形色色的人，找寻工作的失业者，用怒吼将他赶走的工人，认定自己只属于垃圾山的拾荒者，一脸戒备和疏离的年轻士兵，为恪守职责而拒绝兜风的看守者，用生硬的教义规劝巴迪珍惜生命的神学院的学生，以及一个与他一样，曾经有过自杀经历的老者。车在满目灰尘的荒郊机械地行驶，而这个其实代指了观众中大多数人的伊朗男人，则在单调的机器轰鸣声中，在大片将生命埋葬也孕育出生命的黄土中，在一掠而过的无名的植物中，在那些温暖的日常景象里，慢慢寻找到了自己"复生"的意义。

最终将巴迪拯救了的，当是他遇到的最后一个老者。老者的出现，极其突兀，观众完全没有反应过来，就有一个长者智慧的声音，在镜头外先行响起。这样的剪辑，我想阿巴斯自有他的理由，他当是让我们与巴迪一样，认定这只不过是另一个士兵，或者神学院的学生，他们要么胆怯，要么教条，但对于身处绝望边缘的巴迪，却了无价值。而这个长者，就是导演与影片中的巴迪所要寻找的代言人。看得出导演试图在避开说教的方式，他将镜头从长者的讲述中，频频地对准车窗外的风景、天空、土地、植被、行人、房屋、小孩的欢笑。而在长者之前，镜头淡漠扫过的，则是推土机高高举起的车斗，倾泻而下的石块、粉尘，还有巴迪站在一个盛放泥土的大坑前，看那些冷硬的泥土，尖叫着砸向自己的影子，似乎，要将它生生地埋葬。

老者的故事，像是一则小品，他在某个活不下去的清晨，拿了一截绳子，到一颗樱桃树下，试图自杀。但他试了许多次，都无法成功系上绳子。最后，他只好爬上树去，结实地将绳子捆缚在枝干上。但也就是在他系绳的时候，一颗樱桃，悄然落入他的掌心。他吃下了那粒清晨的樱桃，并被它美妙的滋味，深深地吸引。那个本来打算去自杀的早晨，他坐在树上，一颗颗地吃着美味的樱桃，有去读书的小孩子，路过，央求他摇几颗下来，他开心地答应，并在孩子满足的笑脸里，重新变得快乐起来。最终，他摘下大袋的樱桃，带回家去，此时，他的妻子刚刚睡醒，看见他带来的樱桃，很是欢喜。也就是在那样的时刻，他突然品出了生活的滋味，那像樱桃一样酸甜可口的味道，那日日新鲜的阳光，那花儿绽放的清香，那无限阔大的土地，他怎么能够这么轻易地，就将之放弃？

影片的结尾，是开放式的。在一片有似锦繁花的山坡上，一群年轻的士兵，正喊着口号，在阳光里，朝气蓬勃地穿过；中途休息的时候，其中的两个，在嬉笑着争抢一束无名的野花；不知是影片花絮还是来此地拍摄的一群影人，正将镜头，对准这片美丽的山野；而那个在坟墓里历经了一场生死思索的男人，正悠闲地踱上山坡，将一只吸了几口的烟，递给陌生的工作人员。没有人知道在电闪雷鸣的夜里，他躺在自掘的坟墓中，到底想了些什么；也没有人知道，他自杀的真正原因；这一趟找寻之旅，却让观众与他一样，在心灵的山坡上，祛掉那大片的荒芜，而代之以生命的繁盛。

这是一个日益浮躁的社会，我们被物欲的巨浪裹挟着，渐至迷失掉自己的魂灵，找不到它的来路，和归属的岛屿。而阿巴斯的这部电影，历经了十年的光阴，依然可以这样有力地将我们指引。阿巴斯从不拍摄商业电影，所以试图在其中寻找娱乐的观众，必会失望。这部电影，亦是不能在弥漫着爆米花、可乐和瓜子混合味道的影院里，和一大群喧嚣的人共品的。我一直坚信有这样一些电影，像关注人类心灵的散文，只能在静夜里，一个人慢慢地读。而阿巴斯，便是这样为自己心灵拍摄的导演。或许，这亦是他坚持拍摄儿童电影的原因，因为，只有在孩子那里，他才能找到一片纯净的土地。

每一天，都会有年轻的生命，结束；每一天，也会有崭新的生命，降临。我愿意，将《樱桃的滋味》，看作阿巴斯献给所有生命的心灵的《圣经》。

活给自己看

● 朱旺根

　　和几个外地的同学在他们那儿聚会，一看大家都混得不错，有在政府问事的，有在企业任职的，有自己出来做生意的，几乎是发财的发财，升官的升官，我的心里为他们高兴也为自己难过，十多年过去了还是老样子，要知道在学校和他们同学时我能写能画能说，这些人当中没有几个能和我相比的，可现在他们都比我混得好多了，现实常常跟人开玩笑。所以那天我喝得很多，不知是因为同学相聚高兴还是为自己的老样子伤心。

　　当地还有一个同学没到，说是在盖房子，离这儿也较远。第二天，我们驱车到他家，他还借住在一座老式的学校里，他说当时只准备住一年，谁知手头紧张一直没盖房子一住就是五年了，好在当地村委也没说什么，他给我们搬来一个又大又绿的西瓜，刀一下去扑拉一声一听就知是好瓜，鲜红的瓤就展现在眼前，令人直流口水，他边切说这个是自己种的，没施化肥，纯绿色食品，几个同去的女同学兴致很高一听抢着吃，嘴里含着西瓜还叫好甜，一口气连吃了三片。随后他问我们去不去参观他的新房子，几个人考虑天气热就没去，在他那儿的田野走了走。风景很不错，山青水秀的，大家来到一条河边，那儿的水很清，很凉，上有一座老式的古桥，很多人在那留影，照了又照。玩过了，就回去吃饭了。桌子上他给我介绍：小时候就没了爹妈，靠着爷爷奶奶过，生活可见有多艰难，现在我基本上是自立了，村子里给了我一块地，自己开始造个房子，老婆孩子身体都很好，这些我就很满足了，不敢有太多的奢望，我不和别人比，只和自己以前比，你看我现在是不是比以前好了。他说这些时没有丝毫的自卑难过，分明是一种朴实。我心里也受了感染，开始晴朗起来。不和别人比，和自己比。每个人所追求的东西，所珍贵的东西都是不同的。萝卜青菜各有所爱，不要把别人的爱强加在自己头上，那可是一种折磨。

同去的师范班主任吴老师跟我讲：师范毕业后考取了师大，毕业第一年就带我们班，其实在这之前他是另外一个班的班主任，可那时他娘经常生病，他要回去照看，就没时间，辞了。后来我们班班主任中途辞职，学校当时没人，吴老师才顶上的。那时不但没时间最主要的是没钱啊，家里还有一个弟弟和妹妹在读书，爹爹又不会做什么，家里的经济相当紧张，他是家里的老大，他想他要撑起这个家，他的工资才两百多一点，一个月就拿出一百多给弟弟妹妹做生活费，自己留个几十块，剩下的给家里买点菜，当时学校安排他去总务处做事，做了段时间，就感觉没空，辞了。27岁的他也没娶亲，情况不允许。就这样坚持了好几年，弟弟大学毕业了，生活才出现了转机。现在是好了，弟弟在一家单位都干上了领导，妹妹在乡村教书，父母身体都很好。自己结婚，生了孩子。中间有很多的机会去干其他的事，说不定混到现在都升官发财了，但吴老师没去。现在看着这一家子人身体健康，生活愉快，他心里很满足，虽然自己现在什么都不是，还在外面打工。

有个故事讲得好。一个小和尚问老和尚："一尺布和一斤米，哪样东西最珍贵？"老和尚说："你拿着布和米去布施吧，也许能找到答案。"小和尚带着布和米来到街市上，第一天遇着一个面黄肌瘦的饿汉，饿汉毫不犹豫地选择了一斤米；第二天，小和尚遇见了一个衣衫破烂的村姑，村姑毫不犹豫地选择了一尺布。小和尚明白了，人们因为有不同的际遇，心目中"最珍贵"的东西也不尽一样。在那饿汉看来，米能做饭充饥，是最珍贵的；在那村姑看来，布能补衣遮羞，是最珍贵的。因为际遇的不同，各人心目中所认为珍贵的东西也不同。鞋子的舒服与否只有自己的脚才知道，不要羡慕别人脚上鞋子的漂亮，穿到你脚上也许并不合适。生活应该活给自己看，这样才能活出一份坦然、一份自信，才能活出一份自由、一份自在。

自净其心

● 曾少令

"自净其心"这四个字，初初见，一眼惊心，只觉眼前有如月到风来，禅意妖娆，心里无比欢喜。出自弘一法师妙笔，自净其心有若光风霁月。真真是贴心贴肺。

自，净，其，心，字字看似风平浪静，实则是波涛汹涌后的气定神闲、明心见性。

禅宗有一故事。一人去深山中的寺庙找禅师问道，禅师问："你到这儿来是干什么？"那人一本正经地说："我是来修佛的。"禅师缓缓开口答道："佛没坏，不用修，先修自己。"

人只有自己才能真正解救自己，不完美的是人生，有疼痛的是生活。没有过不去的坎，只有转不过的弯。

去领略雨过天晴、万物明净、天山共色的大好风光，也去迎接狂风暴雨、雷鸣交加、雪虐风号的糟糕天气，让自己拥有一颗通透的心灵，豁达、洒脱，好与不好，得意与失意……终究是要尘埃落定，一切都风烟俱净。

一个人，从年少轻狂走向成熟稳重，从自以为是变成谦逊慎独，从固步自封变成宽宏大量，与年龄的渐长微乎其微，最重要的是心态的改变和心智的成熟。有些事情，我们都无法避之，甚至无法更改。树欲静而风不止，既然如此，不如秉持一颗坦然的心态去接受，把生活过成一种方式，拈花一笑，宠辱不惊，去留无意；且听风吟，闲看花草，漫随云雨。

有女友跟我抱怨，说她有个朋友，总是在你兴致勃勃谈论某个观点抑或发表某种见解时，无情地给你泼冷水，把你内心的炽热彻底浇灭，令人顿生寒意。起初听之，对此行为也是深恶痛绝。毕竟很多时候，一个人不经意间的话语，说者无意，听者有心，可能导致一整天的心情都受影响。所谓"良言一句三冬暖，恶语伤人六月寒"，既然为人不懂得这个道理，那也无须对她恶语相加。只管充耳不闻，视若无睹，话留半句积口德。

《玫瑰的哲学》中有一段触动心扉的话，每一朵玫瑰都有刺，正如每个人的性格里都有你不能容忍的部分。爱护每一朵玫瑰，并不是要努力地把它的刺根除掉，只能学习如何不被它的刺刺伤，还有，如何不让自己的刺刺伤别人。你要有一颗隐忍的心，学着去忍耐别人，宽宥他人，不要去伤害别人。化干戈为玉帛，以善良自持，不愧于天，不怍于人。

读丰子恺的《不宠无惊过一生》，不乱于心，不困于情。不畏将来，不念过往。如此，安好！伤心的时候要学会自我疗伤，急躁的时候要学会自我平复，生气的时候要学会自我开导……要相信，你所经历的一切，不过是为了磨练自己的意志，使自己强大到百毒不侵。没有谁能抢走你的东西，除非它原本就不属于你，任凭你如何挽留伤神也无济于事；也不要沉湎于痛苦之中无法自拔，一味的伤春悲秋，只会让你意志消沉，不堪一击。

心若是别人的，我们无法控制；嘴若是别人的，我们无法住口；脚若是别人的，我们无法挽留。三毛曾经说过，你是自由的，你有权利以自己的方式表达自己的路。他人喜不喜欢你走出来的路，不是你的事情，因为，毕竟，你没有强迫任何人。去做自己喜欢的事，哪怕不被认可，被冷嘲热讽，一如既往地去做，不忘初心，去过自己想要的生活。

没有得到，不如放手；没有如愿，不如释怀；没有净土，不如自净其心。不怨怼，不躁进，不强求，不悲观，不刻板，不忘形……诚如禅师所言：先修自己。用一颗淡然的心去面对，不争，不恼，不放在心上，上善若水，一切都将云淡风轻。

山有木兮木有枝

● 凉月满天

我认识一个人。偌大的江河，我只不过是一条在文字的世界里游弋的小蝌蚪，他却当我是占了他地盘的大蛤蟆；偌大个天空，我只不过是一只掠飞而过的燕雀，他当我是抢他的风头的鸿鹄。

他恨不得我在这个世界上消失掉，一次两次无数次地出了明招出暗招。招数有的用老了，有的没用老，到最后七七八八都被我知道——没有不透风的墙啊。真是山有木兮木有枝，君仇我兮我又怎么能不知。

不是不愤怒的。相识数年，我敬你，你恨我；我推你助你，你厌我陷我；我当你是友，你以我为仇。

走在路上，郁郁不乐。人性之恶，让我哆嗦。

有一弃狗，卧在墙边，被车撞了，奄奄一息。看着它，转回去又走了两站地，到超市给它买了一根火腿肠吃，它却只是痛苦地痉挛，张不开嘴。一边走一边往回看，心里想流泪。晚上散步，特意弯过去，它还在，又去买了一根火腿肠来，和一瓶水。

把盖子拧开，瓶身微斜，给那狗一滴一滴地倒下去，狗就张开嘴巴伸舌头去接，渴啊！一瓶水喂完，把火腿肠掐成指甲盖大的小块，用竹签插起来送过去，它还是不能吃。

第二天一早，又起一个大早，拿一袋纯牛奶去喂，只有这样吃流食了，希望能养得好起来。我不是基督徒，却在心里求上帝：如果能救的话，就让它活过来吧；如果不能救的话，就让它少受点罪吧。

一日三餐皆如是。第三天晚上，仍旧弯到了那里，它却不在了，地上牛奶的湿痕犹在，可能是已经死去，被清洁工收走了吧。心里一阵阵地难过，走回家去，门口一只流浪猫正候着，瞧见我影子就喵喵地跟汽笛一样叫。把牛奶倒给它，上了楼，又想起那个人的事。这种被阴的感觉真是……难过。

把这事跟朋友说，朋友说：如果你们换个位置，你敢保证你不会这么做？

我不敢。

我也有阴暗的一面。很多时候，名利当前，我也想把人踹飞，自己上阵。可是总归是心里想想，脚却伸不出去。我不忍心毁了别人的前程，更害怕自己的心掉进灰堆。

我也知道照顾流浪的猫狗麻烦，也巴不得想清净一下，可是仍旧一日三餐送去给它们吃。我也知道把钱捐出去心痛肉痛——都是我熬夜爬格子挣的咧！可是那患病、失学、遭灾的人更可怜。我不忍寒风凛冽，我烤暖炉人挨冻，我更害怕漠视别人的苦难会让自己的心枯死僵毙。

说到底，我爱的恐怕不是世界，而是自己。世情如炉，人心似铁，叮叮当当，火花飞溅，我不敢把我的心炼成杀人的刀、坑人的剑。哪怕世风贫瘠，落红成泥，我的心里总得留一个地方，种一个小小的花园给自己。

这个"朋友"几次组织大家给人捐款，别人纷纷上前，他负手而立，隔岸观火，无动于衷。他把自己定位在衣履光鲜的组织者，却忘了救人于水火，他还有另一份慷慨解囊的责任。他的心已经腐朽成柴。

可是再怎样的冷漠、仇视、自私，恨的也不是别人，而是自己；厌的也不是别人，而是自己；染污的更不是别人，而是自己；打压的永远不可能是别人，只能是自己——这是真的，二十年如一日，靠踩人搏出位，结果人也没有踩下去，位也没有升上去——不是别人不让他升上去，是他让自己没有办法升上去——哪个上位者用的不是人，谁敢用鬼？好比一只蚂蚁困死在地牢里，一颗心永远、永远地暗无天日，"搬起石头砸自己脚"的浩浩大军里面，他只不过一粒小卒子。

山有木兮木有枝，种花得花，种刺得刺。世间规律就是如此，不信你就试试。

春天不抛弃任何一朵花

● 澜　涛

　　小镇上有这样两户人家，两家相邻而居，每家都有一个十几岁的孩子。因为孩子间的游戏、嬉闹与争执，那个身高体壮的胖女人常会堵到瘦女人家的院门叫骂不停。好在做教师的瘦女人每每都以沉默回应，矛盾才一直没有升级。但两家的"仇恨"似乎像冬天的寒冰越积越厚。

　　大火焚毁小镇的那个晚上，两家的男主人都到山上扑火去了。当瘦女人被火啸声和逃命声惊醒，拉拽着儿子跑出房门时，热浪已经能够感觉到了。就在瘦女人和儿子跑向院门时，隔壁胖女人儿子一声声哭叫妈妈的喊声穿过热浪传进瘦女人的耳中。瘦女人立刻意识到，一定是胖女人昏倒了。十几年的相邻而居，瘦女人知道，胖女人心脏不好，兴奋过度、紧张过度都会瘫晕。瘦女人的脚步停了停，只是片刻的犹豫便转向了胖女人家。果然，胖女人仰躺在地上，两眼紧闭、嘴唇抖颤，她的儿子扑在她身上，慌不知措地呼叫着她。

　　瘦女人使劲地摇、拼命地喊，胖女人毫无反应。火球已经溅射到不远处的栅板上，劈啪做响，热浪更烈。瘦女人不知从哪儿来的力气，将胖女人拉到背上，一边叮嘱着两个孩子沿大街向村外河堤跑，一边踉跄着迈动了脚步。几乎超过自己体重一倍的重负下，可想而知，没跑出多远，瘦女人就喘息急促，脚步也慢了下来，最后几乎是在一步一步地往前挪，终于还是被压倒在地上。

浓烟弥漫、热气灼烤，瘦女人知道大火越来越近了，她不能停，哪怕慢一慢都将会身葬火海。顾不上喘息，她试着再背起胖女人，试了几次却都没能站起来。瘦女人趴到了地面上，将胖女人拉上后背，驮背着胖女人开始一点一点向村外爬。一寸一寸、一尺一尺、一米一米……

河堤上的人们是在村外三十几米远的地方从逼视的大火中抢出瘦女人和胖女人的。当时，胖女人昏趴在瘦女人的背上，瘦女人也已经昏死过去，双手、双肘、双膝血肉模糊，身后是一条伸向火中的血痕……男儿膝下有黄金啊，当胖女人的丈夫从山上下来，那魁伟壮硕的四十几岁的汉子，一下跪向还昏迷着的瘦女人，没有一句话，只有不止的落泪和不停磕向地面的头。

十几年过去了，那场大火留下的创痕已经被岁月蚀淡了许多，瘦女人和胖女人也早已经相处如亲姐妹般，但是，我的记忆里清晰地刻着胖女人当年说过的一句话："记住，要宽让身边的人。不然就枉做这第二次人了。"写这篇文章前，我去问瘦女人，当年为什么会不计怨恨、冒着生命危险去救胖女人，瘦女人笑着告诉我："春天从不抛弃任何一朵花。"

胖女人是我的母亲。我终于知道，母亲为什么在经历过那场大火之后，变得包容、豁达、亲切——将狭隘变得宽厚的不是灾难，是灾难里的爱。

春天不会因为花的色泽、姿态，或者其他什么缺憾，而抛弃任何一朵花。

谦逊让人年轻

●杨文凭

刚见到医院的外科主任陈楚源教授时，就有其他医生跟我说，别看陈主任外表才 60 来岁的样子，其实他实际已经有 70 来岁了。陈主任精神矍铄，脸色红润，耳聪目明，白发都没多少，谁会想到他已年过七旬了。

于是，大家忙着请教他养生之道。陈主任说其实也没什么，只不过是保持良好的生活习惯，从不打牌打麻将，很少喝酒，很少玩电脑看电视，经常看书和听收音机。当我们一起工作一段时间后，我才发现他能如此年轻，并不只是生活习惯好，更重要的是他有一颗谦虚宽容的心。

在 1985 年，陈主任通过国家的选拔，曾担任援助南非、阿尔及利亚医疗队分队长，率医疗队专家组，先后在阿尔及利亚赫利赞省立医院、莱索托王国首都医院（伊丽莎白女王二世医院）工作了三年多。回国退休之后，被聘请到我工作的医院，发挥余热。

记得医院有一次开展一个疾病内部专题讨论会，由于陈主任是参与发言唯一的主任医师，于是我按照常规，把他安排为首位讲话。可是，他硬是不肯，说让别人先讲，尤其是先让年轻的医生、护士讲，多给他们表现的机会。进入会场后，他见到我们把他安排在第一排最重要的座位，又摆摆手，随便找个地方坐下。我只得向院长求助，让院长把他拉到那个座位。有好几次，我们宣传部门写了一些关于他的稿子，里面有一些说他"知名""顶级""一流"的字眼，都被他一一删除。他说，比他优秀的人都一大把，实在不敢当。

有一段时间，门诊区医务人员紧张，行政人事部又没招到人，就没给陈主任配医生助理。尽管陈主任是单位职称最高的人，尽管其他医师都有助理，但他也没有怨言，看到导医忙不过来，经常亲自带患者去交费，去输液室，去治疗室，一个老人家跑上跑下，忙里忙外。

每次医院召开中高层干部会议，陈主任都要夸奖各个部门怎么配合得好，哪个科室的医生、护士表现优良，从不把牢骚带到会上提。尽管会下仍然有一些流程衔接不通畅，但他都会找相关人员私下解决。

如今想想，我在医疗行业工作这么多年，像陈主任这样的人越来越少了吧？我们院长常这样评价陈主任，人谦逊了，与世无争，人心宽了，心态年轻，人自然就年轻了。

她秀恩爱，我晒太阳

● 崔修建

袁泉和男人曾经一同在国内外辛苦打拼，数年后，终于有了房子、车子，虽然在省城里那仍只能算是小富，男人却开始移情别恋。那个让他"转身"的名叫张悦的女子，年轻，漂亮，还有一点儿才情，写一手不错的文章。

知道已然覆水难收，袁泉不纠结，不纠缠，洒脱地放手，绝不拖泥带水，很大度地将房子、车子尽归男人，存款对半平分，她转身而去，脸上甚至有淡淡的微笑。

闺蜜责怪她不该便宜了那个"第三者"，应该要房子，多要存款。

袁泉轻描淡写道："男人都拱手相送了，房子、金钱还重要吗？"

"我是说，你一个人生活，需要坚实的物质基础。"闺蜜考虑她未来的幸福。

"从前，最困难的时候，兜里只有买两袋方便面的钱，都挺过来了。"袁泉似乎对接下来的生活信心十足。

没想到，张悦抢了别人的老公，居然没有半点儿羞愧，还在博客里晾晒自己与那个"二手男人"的恩爱：从日常的家居生活，到旅游度假，从工作的舒心，到二人世界的温馨，一张张幸福洋溢的照片贴出来，一首首情深意切的诗歌贴出来，甚至连她煲的汤、摊的鸡蛋饼，也拍了照片放到博客里，引来许多的围观者。

有网友知晓了张悦的爱情婚姻来龙去脉后，对她的高调，开始评论、留言，说她做了"小三"，还不知羞耻地大秀恩爱。对此，她却全然不惧，顶着那些蜂拥而至的嘲讽、讥笑甚至谩骂，依然旁若无人地继续大秀夫妻恩爱。

那个被顺势推到风口浪尖的男人，似乎真的被幸福陶醉了，竟站出来，撰文逐一批驳那些对妻子指责的言论，毫不掩饰地妇唱夫随。

闺蜜将这一切讲给袁泉时，袁泉仿佛在听一个有趣的故事，面露微笑："好啊，他们幸福，就好。"

"难道心里就没有别的滋味？"闺蜜有些忿忿不平。

"没有啊，她秀恩爱，我晒太阳，我们各寻各的幸福，这样的结果，难道不是最好的么？"袁泉一副世事洞明的平静。

其实，从分手那天开始，袁泉就决定过一种新的生活，她要像洒脱的三毛那样，背着简单的行囊，万水千山走遍，让不同纬度、经度的阳光，陪伴自己一路前行。

她一个人去了夏威夷的西海岸，躺在温暖的沙滩上，静静地享受湿润的海风和暖暖的阳光，她蓦然发现，从前的很多忙碌，实在没有多大意义。还有，在哈瓦那岛上，听着那首《美丽的哈瓦那》，阳光在头顶跳跃着，她和当地人一同懒懒地坐在椰树下，望着碧蓝的大海，什么都可以想，什么都可以不想，仿佛真的进入了一个自由的世界。

那天，她在撒哈拉大沙漠里迷了路，居然一点儿也没惊慌，一个人裹着一张毯子，躺在白天晒得很热的沙窝里，仰望深邃的星空，思绪悠悠，一夜无眠。

没有想到，她这个学工科的，有一天会拿起笔来，把自己一路行走的见闻和感受，变成那些鲜活的文字，并且很快就引来了那么多关注的目光。有出版社编辑找到她，给她出了一本书《人生要懂得晒太阳》，书销售得出奇的好，为她赢得了不少粉丝。

她接受了许多网友邀请，设计了最省钱、最便捷的行走路线，很多时候，她都选择搭顺风车，住汽车旅馆，或者睡网友的沙发，兜里即使只剩下很少的一点儿钱，她也从没发愁过。她说，一个人心里有了远方，接下来要做的，就是迈开双腿。

她特别喜欢晒太阳，在海滨，在大漠里，在繁华的都市，在偏远的山野，灼热的阳光，和煦的阳光，刺眼的阳光，轻柔的阳光……她沐浴阳光，接受阳光的亲吻，阳光恋人般地陪伴着她。

袁泉在一篇文章里，讲到在海地大地震发生后，她看到一幅震撼心灵的情景：在一片废墟上，十几个皮肤晒成古铜色的难民，围成一个小圆圈，跟一位来自欧洲的志愿者学习器乐演奏。不知他们从哪里弄来的那些稀奇古怪的乐器，努力了半天，也难以合奏成一支简单的曲子。可他们饶有兴致，很认真地听从志愿者指挥，卖力地吹拉弹唱，浓浓的阳光，晒得他们满脸满身都闪着晶莹的汗珠。

她说：那些阳光里的演奏者，让她无论如何也无法与"灾民"这个称呼联系到一起。

她至今依然独身，却从未感到孤独和寂寞。她甚至感激那场突如其来的婚变，因为从此她开始了另一种生活，并由此更深刻地领悟了人生。她写了许多有意思的文章，许多哲思性的话语，被不少读者传抄。其中，最令读者喜欢的，是那八个掷地有声的字：她秀恩爱，我晒阳光。

真好，一个人的时候，可以一边欣赏别人的风景，一边成为别人欣赏的风景。

宽恕是一种福分

● 崔鹤同

以前我家住的是只有 9 平方米的小阁楼，在上海又称"鸽子笼"。我家是后楼。下面的灶披间只有 3 平米，而且还兼作后面一户人家的通道。我家在这里住了半个多世纪。

20 多年前的一天，我父亲突然接到了法院的一张传票，让他某日到法院出庭，事由是前楼的陈家状告我家侵占了他家的房产，就是我家做饭的灶披间。我父亲接状大吃一惊，用颤巍巍的手，好不容易才写下了崔汉楼三个字。一个老实巴交、树叶掉下来都怕砸伤头的人，60 多岁了，想不到还吃官司。他突然想到，怪不得前面姓陈的这几天神情有些异样，他老婆也和左邻右舍老在一起嘀嘀咕咕的，原来如此。

那天开庭，法官眼睛盯着我父亲，目光锐利："崔汉楼，你是不是侵占了前楼陈家的灶披间。"

"没有啊！"说罢，我父亲从怀里掏出一页已经发黄的纸，递给法官。这是当时我家购买小阁楼房管局的凭证，上面清楚地说明包括楼下的灶披间。过了片刻，法官转向原告，桌子一拍：

"陈家明！你在搞什么！你知道诬告是要反坐的吗？"陈家明听后一阵哆嗦，脸吓得煞白。法官叫我父亲先回去，留下了陈家明，不知道又说了些什么。

陈家明回来后，灰头土脸的，背驼了，腰也弯了，不敢正眼看人。第二天，还是我父亲向他先开了口："陈先生早！"他连忙应道："崔大爷早！"

有一天晌午，陈家明老婆风风火火地跑到灶披间，惊慌失措，对我父亲说："不好了，崔大爷，我家老头子快不行了！你快来看看！"

我父亲连忙奔到他家，只见躺在床上的陈家明脸色暗青。我父亲知道他患有心脏病，此时一定是那里憋住了，血脉不畅。父亲便把陈家明上身左右晃了晃，又给他上半身垫高些。不一会，陈家明苏醒了过来。此后，他老婆对我父亲感恩戴德，逢人便说："崔大爷是救命恩人！"

我们对父亲的做法大为不解，认为这是"仇将恩报"，太便宜了他们。父亲说："冤家宜解不宜结。给人让条道，就是给自己留条路，宽恕是福。"

过了七八年，陈家明过世了。告状那件事以后，他总是面有愧色，郁郁寡欢的样子。我的父亲，从来与世无争，与人为善，活得心安理得，如今已年过九秩。

据悉，上世纪 70 年代，当代作家戴厚英和她的老师钱谷融教授同在复旦大学任教。那时，钱谷融教授被打成反动学术权威。当时头脑简单的戴厚英出于一种蒙昧的热情，对钱老师进行了猛烈的批判。多年后，戴厚英评副教授时，根据程序，需要有人给写个评价材料。但找来找去，就是找不到人写。据说原因是戴厚英性格外向，说话有锋芒，得罪过一些人，包括一些领导。这时，钱谷融教授挺身而出，不仅给她写了所需材料，而且给了她很高的评价。戴厚英非常感动，不仅是老师为她做了一件重要的事情，更在于她为钱老师的胸怀所折服。

宽恕是一种修养，一种境界，一种美德，一种非凡的气度、高贵的品质，也是一种生存的智慧和才能，也正如马克·吐温说的："紫罗兰把它的香气留在那踩扁了它的脚踝上。这就是宽恕。"

宽恕越多，快乐越多，幸福也越多。

记德忘怨才是大境界

●林玉椿

刘鸿生早年曾在上海圣约翰大学求学，当时家庭拮据，主要靠寡母辛苦挣钱，维持十口之家的日常开支。他学习勤奋、成绩优异，屡次获得奖学金，在代缴昂贵的学费后，还有余钱补贴家用，令母亲深感欣慰。

由于刘鸿生在学校表现优异，校长卜舫济博士和克莱夫主教看中了他。1906年的一天，卜舫济将刘鸿生叫到办公室，高兴地对他说："你是圣约翰的优等生，我们都在注意你。我们决定明年保送你到美国留学，把你培养成一名合格的牧师。这样四年后，你回到上海，专任牧师，兼任本校讲师，月薪150银元，还给你一幢花园洋房。哦，我的孩子，上帝赐予你好运！"

这可是圣约翰学子人人羡慕的天赐良机，但刘鸿生和家人商议后，婉拒了卜舫济的好意，因为他们都不想让刘鸿生成为一名专任牧师。

刘鸿生的拒绝令卜舫济恼羞成怒："你是上帝的叛徒！出去，你已经没有资格再在这里读书了！"就这样，刘鸿生被赶出了校门。

这对于当时家庭困难的刘鸿生来说，无疑是晴天霹雳。他继续读书的梦想破碎了，不得不开始面对如何维持生活的社会现实。显然，刚开始的时候，这一切是多么地艰难。然而，坚强的刘鸿生很快从辍学的阴影中走了出来，并且凭着自己的努力，在十多年后成为了著名的"实业大王"，坐拥数千万资产。

刘鸿生衣锦还乡时，圣约翰大学隆重地欢迎了他，授予他"名誉博士"，并邀请他出任校董。卜舫济校长更是对他毕恭毕敬。这时的刘鸿生并没有一丝傲气，而是始终对校长保持着谦虚与尊敬，并且以德报怨，为母校捐巨资建造了一座富丽堂皇的社交馆。

有人问刘鸿生："以前他们那样对你，将你轰出校门，为什么你还要捐钱给他们建楼呢？"

刘鸿生回答说："我只将他们对我的好记住，那些不愉快的事早就放下了。而且我应该感谢那件事，因为它迫使我去寻找另外的发展机会——你看，现在不是很好吗？"

显然，人们认为刘鸿生被学校轰出校门，应该一直非常生气，应该心存怨恨，而自己出人头地之后，更应该"一雪前耻"，对当年驱赶自己的卜舫济校长奚落一番、讥讽一阵。然而，出人意料，刘鸿生一笑泯恩仇，还为母校捐资——他没有生气，而是和气、大气。

在恩怨并存的情况下，刘鸿生只铭记圣约翰大学曾经给予自己的照顾，却把怨恨丢到了一边，这样的心态和胸襟使他赢得了人们的尊敬。在与人交往中，恩恩怨怨有时很难厘清，甚至再要好的朋友都有闹不愉快的时候，那么，我们不妨学习刘鸿生，只记住别人对自己的好，忘掉不愉快的事。这样，我们就能获得更好的人缘，自己也才能活得更轻松、更快乐。

被抢走鱼山的猫能成佛

● 西　风

跑去签到。不断有人问："嚯，回来啦？"

在外漂泊好几年，借调在一个风风光光的单位，没本事调出去，却被一脚踹回来，人家问两声也是正常的。有关心的，有猎奇的，我一律点头复点头，微笑复微笑："回来了，嗯，我回来了。"

上午办饭卡，走进一个月亮门，行行复行行，一转头——几行高高的槐树，细细的槐枝描画着灰灰的天幕，树脚下是长面包一样的畦土，零落碎卷着那么多那么多的树叶，交叠静卧，远处残雪将消未消。乖乖，你真美。

去年冬雪淹了膝盖，农田菜园俱被深埋，一条小路蜿蜒而过，一步步踏下去，左边一歪，右边一倒，倒下去手撑地，一只深深的手印就烙进雪里。通衢大道不肯行，只愿在小径跋涉，实在是爱极了万物皆被雪，唯枯草几茎，支楞在浑圆的雪馍馍上，那样圆润浑然的景色，美得人心都发疼。

那时亦如现在，也是不快乐的。暗夜思索，总不知道活着为了什么。以前，觉得发表一篇文章是无上的快乐；再以前，觉得教出一个好学生是无上的快乐；再以前的以前，家里若有钱给我买一顶新草帽便是无上的快乐，因为随我爹去田里劳作的时候，头上戴的这顶，早被风雨汗水沤得发黄变黑，险些糟成一个帽圈了……可是所有的快乐，都如同鲜艳的玫瑰凋落，枝头残瓣也被时光漂白了颜色。

好像这一生，从来没有过那样一无挂碍的、无牵无念的快乐。

有时候想着把一切都舍了，去一个有山有水的所在，剃净了三千烦恼的毛，那样总该是快乐的。可是，让别的女人住我的房，睡我的床，打我的孩子，让我的老公鞍前马后侍候着，我不舍得。而且，我还挣着工资呢，工资的背后是我十几年的寒窗苦读啊，我不舍得。不穿俗世的衣，不吃俗世的饭，不读俗世的书，不写俗世的文字，我不舍得。

就算舍得了，又能怎样？数年前，偶去一寺院，矮小静默，院子里几个比丘尼光着头择野菜，小声谈笑，当时想着是好，让人神往的那种好，可是，现在想来，我吃得惯野菜野果，却耐不得几个人在一起的生活。我害怕按时念经、按律吃饭，既害怕淹没在一大群人里面，面目漫漶，又害怕不淹没在一大群人里面，被孤独和寂寞拉拽撕扯。若是我一个人住一所茅庵，我又不敢一个人睡觉。怕黑，怕鬼，怕大殿里金妆的佛。

所以，无论怎样，都不快乐。心里想着要快乐要快乐，但所谓的快乐，又都是骗人的。

直到看见这一地的落叶。它们卷曲着，寥落重复叠复叠。周围无人走路，自己细密的呼吸声都听得清清楚楚。长久以来的心情仿佛一幅暗哑的布，如今这布上缀了一小粒珍珠，一下子让整块布都活了，成了华丽的珠灰色。一霎时觉得被人辜负也没什么，被人伤害也没什么，被人误会也没什么，被人冷落也没什么，真的，一切都没什么。就是被命运的大手甩来甩去都没什么。原先的那种痛苦啊，不安啊，愤怨啊，其实，都是因为一个"我"。觉得"我"被不公平对待了。就像一只猫，觉得面前有一座鱼山，结果这条鱼被人拿走了，那条鱼被人拿走了，渐渐地，觉得所有的鱼都被人拿走了……

可是你看，树被不公平对待了，连衣服都被剥光扒净了，它还在用枝子在灰蓝的天上描啊描，姿态曼妙。它的脑子里是没有这个"我"字的。叶子也被不公平对待了，风吹雪盖，可是它还是那样静静地躺着，不苦也不涩，因为它的心里没有"我"。

世界如虎，"我"便是佛，佛是要舍身饲虎的，佛不痛，是因为他的肉身是个"我"，可他的心里没有"我"。曾经见到一句话："看淡自己是般若，看重自己是执著。"以往只觉平常，现在却觉得像是金声玉振，在耳边一圈一圈地响起来了。

据说，倘若舍得把漂亮的琉璃珠子盛在钢勺里，放在火上烤，珠子里面就会炸，外面一切完好。那炸开的细纹，就像开出的美到极致的花。做人也是如此吧，管它暗红尘怎样雪亮，热春光雾时冰凉，把世情看淡，把自己量轻，然后，小小的、微细的、忘我的快乐便如琉璃珠子里面炸裂的细纹，初时是伤的、疼的，可是一点，一点，漂浮起来，明艳成暗夜里怒放的花朵。

拥有一颗坦然的心

● 崔鹤同

那是一场规模很大、规格很高的电视模特大赛。

20位模特儿在参加完第一轮比赛后，主持人说："这一轮我们评选一名最差的模特儿。"

现场观众和电视机前的视众都感到诧异，以前的大赛都是评前几名，但从来没有一次大赛评选最差的。

经过评委和工作人员的紧张忙碌，最差模特儿被评了出来。主持人当场宣布并请最差模特儿向前一步，大家都为那位女孩难过。

在数千万观众的注视下，她面带微笑从模特儿队伍中走了出来。

这时主持人和评委都你一言我一语轮番对她进行点评，"你的表情不够自然""你的着装搭配不够合理""你的内在气质不足""你的上镜效果不佳"。面对这些与其说是点评还不如说是责难的话语女孩却始终面带微笑，只静静地听着，很大方得体地点头，并且很礼貌地说："谢谢！下次我一定会注意。"

就这样，众目睽睽之下她微笑着听着，真难为她了。

其他的模特儿有的居然笑了起来，这种笑是一种幸灾乐祸的笑，是一种落井下石的笑，是一种少了竞争对手、有望获得胜利的暗自庆幸的笑。

而这位女孩，却神态自若地面对最差，以微笑来接受评委们的意见去迎接第二轮和第三轮的比赛。

观众都以为那个女孩会心灰意冷、自暴自弃，而她的表现却一次比一次好，到最后她夺得了冠军。

事后有记者问她，你如何能正确面对评委们的责难。她笑着说："因为我怀揣一颗坦然的心。"

她就是吕燕。2000 年 11 月，她代表中国参加世界超级模特大赛，一举夺得大赛的亚军。这是中国模特取得的最好成绩。如今她是中国首席模特，2009 年获封为 60 年中国十大风尚影响力女性，新中国 60 年十大时尚人物唯一入选的女模特。

其实第一轮评选最差是评委们设计的一个陷阱，旨在考验最佳模特的心理素质，如果她过不了这一关，冠军便会失之交臂。

坦然是一种从容，也是一种自信。如潺潺溪流，如巍巍山岳。

唐代文学家韩愈，在初次应试时名落孙山。但他毫不气馁，坚信自己写文章的水平和能力，在后来的应试中，面对同样的考题，他把上次写的文章一字不落地再次写出呈上，竟金榜题名。同时代的刘禹锡，被贬长达 23 年之久。但他仍振作豁达，心存坦然，"沉舟侧畔千帆过，病树前头万木春""种桃道士归何处？前度刘郎今又来"便吟出了他的乐观与坦然。

　　拥有溪流般的从容，拥有阳光般的自信，人生的脚步便会更加坚实，更加稳健，便会迎来天高地阔、柳暗花明。

第六辑

要和气不要生气，大度笑对人生

最后一捆韭菜的快乐

●金明春

喧哗的街道，噪杂的菜市场，下班时间，匆匆而行的人们。

一个进城卖菜的农民，满脸笑容地招呼着："韭菜！韭菜！"

街道上人变得少了，人们都匆匆赶回家去了。

还有最后一捆韭菜，他不甘心，他想如果带回家去，明天这捆韭菜就烂了。

于是，他不甘心地等着。这时，一辆汽车停在他的面前，走下一位工人摸样的人，把那捆韭菜买了。

他欢喜地笑着说："谢谢！多亏了又等了一会，还真没白等，你看！最后一捆韭菜也卖出去了。"

他兴高采烈，像中了彩票大奖一样。他哼唱着不只是什么名字的歌曲，骑上自行车欢快地走了。

他的自行车骑得飞快，他要赶着回家，在众多的汽车流里，他只能时而穿行汽车之间，时而紧贴着路边行走。但他一脸的兴奋，使得街道的人们不自主地看着他。

一天的营生就这样完成了，好高兴啊！回家，老婆孩子做好饭菜在等着他！幸福啊！回到家，大喊一声："老婆！今天的菜全卖光了！"然后，全家人数着钞票，一角、一元……虽然也就是几十元钱，不够城里人一包烟钱，但他们像发了财似地高兴。

我真的很是羡慕他们。羡慕他们如此幸福。

他们很幸福。是他们挣的钱多？不是，几十元钱，不够城里人一顿饭钱。是他们住的房子好？住的房子大？也不是，他们住的可能是小平房，没有豪华的装修，冬天没暖气，夏天没空调。是他们没有危机感？也不是，他卖菜时，一怕卖菜的多、买菜的少，二怕城管，一旦被城管查处，心疼罚款啊！罚的款让他好几天算是白干了。

但他还是那么高兴，很简单，就是因为今天的韭菜全卖出去了。

就这么简单。

他敏于幸福，钝于郁闷。

但是，我们却对幸福迟钝起来，对郁闷却敏感起来。

天真，就是天使。简约，就是美好。生活中一个小的惊喜，生活中点点滴滴，都会使快乐变得单纯，从而从心里自然滋生一种快乐和幸福。人，喜欢攀比。其实，攀比是快乐的腐蚀剂。不要一味地进行攀比，那样会让自己变得痛苦或飘飘然。这些，都与快乐相远。快乐，与美好的心灵相近。无论取得成绩还是遭遇挫折，无论身处逆境还是顺境，都要带着快乐的心情去享受或奋斗。享受美好，奋斗赢得美好。自己即使微不足道，即使渺若沙尘，也要满怀热情与兴趣，也要满怀感恩和平和。是啊！我们的人生总是有那么多的苦恼，其实，正是因为我们往往想得过多，在乎过多，计较过多。多了，也就沉重了。沉重了，也就压抑了。这些重重扛在肩上的负荷，压得我们喘不过气来，我们应该轻轻地把它们放下，放下了，也就释然了。生活中，需要我们以一种温暖的态度、积极的心态学着活得朴素一些，坦然和快乐一些，快乐和幸福便会来到我们身边。

我们是什么时候忘了自己是自己情绪的主人？我们丢了幸福感，又不会捕捉、挖掘、导引生活中零散、隐藏的幸福感，那些被我们粉碎了的幸福就这样被我们扔进了垃圾箱，我们甚至无法恢复或搜集这些幸福碎片。我们应该修建我们的快乐感，删除我们的烦恼，这样，快乐就会洋溢在我们身边。

老师的生活

● 鲁先圣

高连金是我的小学老师。每一次回老家的时候我都会向家人问起他，了解他的近况。有关他的信息，我的脑子里储存了不少。因为没有正规师范的学历而被学校除名，因为给要结婚的孩子腾新房，自己搬到了距离我们村有 2 里路的那片被称为乱坟岗的地方，自己搭了个简易房子居住。

听了这些消息以后，我一直很牵挂，一个 60 多岁的老年人，搬到那样荒凉的地方，没有水和电，怎么生活？那片被称为乱坟岗的地方是一片很大的水洼地，过去农村的医疗条件差，夭折孩子是常有的事，谁家的孩子死了就扔到那里，因此那里杂草丛生，野狗出没，白骨嶙峋，总是会不时传出一些鬼怪的故事。

孩子放暑假了，我带孩子回去看望母亲。因为时间充裕，可以不再像以前那样匆匆忙忙地回来了。到家的次日，我决定去看望高老师。家里的堂弟也是高老师的学生，他说他知道高老师住的地方，他带我去。堂弟坐在车的前排右座上，指挥着我东拐西拐地在乡间小路上走。不久，我们到了一个在我们那一带很常见的场院房子前，堂弟说就是这里。

房子没有地基，也没有砖瓦、土坯墙、茅草顶、栅栏门。房子的周围种满了南瓜、丝瓜和很多的蔬菜，瓜秧爬满了房顶，一个个硕大饱满的瓜裸露在阳光的照射下。

"高老师，我哥从济南来看你了！"堂弟喊。没有声响，堂弟又喊了几声。这个时候，我感觉是从很远的地方传来一声回音："是谁呀？我在玉米地里，我过去。"我听出来了，是高老师的声音，那种沙哑中透着刚强的声音。

我们就站在房子前等，我看到周围全是长势很旺盛的果树和农作物，丝毫没有原来荒凉恐怖的乱坟岗的影子。几分钟以后，高老师从左前方的玉米地里钻了出来，他拎了一大筐鲜玉米。

"高老师！"我上前几步喊。他稍一迟钝，立刻很激动地说："是先圣，是先圣啊。"看到这个已经灰白头发，满脸皱纹，光着膀子，几乎就是一个十足老农的高老师，我心中流过一丝枯涩和伤感。

"咱们就坐在房前吧，房子里脏，也热。"说话的时候，高老师已经搬来了几个木凳子，摘来了几根嫩黄瓜。他说："别喝水了，就吃黄瓜吧。"他告诉我，我这些年出的书堂弟都给他了，他还在一些报刊上看了不少我的文章，他说，他没有想到他的学生能够成为作家。

"我想起来就很高兴，我虽然不做教师了，但是我为自己是作家的老师感到光荣呀。"尽管老师一直在很高兴地说着，我却一直被惭愧的情绪围绕着。我说我这些年看你太少了，其实我回来过很多次。"不，你们忙，时间紧，我知道你在外面很好就足够了。我很好，你看看。"高老师拉着我往田地里走。"这些地方过去都是没有人要的荒地，我这几年都开发成了良田，种了几种果树，还种了不少蔬菜，我自己吃不了。""这个荒废了多年的水塘我也开发出来了，养了不少鱼。"

我突然猛醒，高老师是多么高兴、多么快乐的一个人啊。他这么心满意足，他这么快活，他这么开心，他就像生活在天堂里一样啊。

我们又谈了很久。高老师给我摘了很多很多的水果和蔬菜，他还给了我几条他钓上来的鱼。我都装在了我的车上。我想到了济南的时候，我要把这些东西一一送给我的朋友。我还会告诉他们，我的老师是多么富足的一个人，他生活在一个多么开心的地方，他的生活是多么的心满意足。

送一篮鸡蛋给邻居

● 侯兴锋

　　艾梅丽是一位三十多岁的家庭主妇，十分能干。最近，她的家搬到了美国西部的一个小镇上，因为丈夫托尼在这儿经营着一个农场。他们物色的房子是一个新婚不久的家庭刚刚居住过的新房子，户型合理，采光充足，十分不错。可是，当艾梅丽忙碌了一天，晚上睡觉的时候，才明白那对新婚的小两口为什么要搬走：隔壁邻居家的那只不知是什么品种的狗，一到晚上就不停地叫唤。

　　确切地说，这条狗是整夜整夜地叫唤。当有亮光的时候，它会对着灯光叫，甚至对着星星、月亮也叫；而如果一旦夜深人静，看不到一丝光亮的时候，它又会像一个胆小鬼一样号叫不已；如果有人经过，它会扯起嗓子咆哮、怒吼，"汪汪汪"地向人示威。

　　一连几个晚上，艾梅丽一家都无法睡安稳。丈夫托尼抱怨说："我躺在床上都不敢翻身，生怕弄出响动被那只该死的狗听到，那么它就会变本加厉地叫唤。"两个女儿则嘟起了嘴说：

"我们在课堂上老是犯困，都被老师批评好几次了。"艾梅丽虽然没有说，但眼角的黑眼圈足以说明了一切。

在他们以前居住的地方，晚上偶尔也会听到一两声狗叫，但那稀疏的，若有若无的狗叫不但不会影响睡眠，还会起到一定的催眠作用。

然而，这只狗总是这样不停地叫唤，让丈夫白天无法工作，让女儿无法安心学习，也让自己那风韵犹存的脸上始终挂着黑眼圈，这不是个办法，必须想办法解决才是。

艾梅丽设法与搬家的小两口取得了联系。"那只狗太讨厌了。"他们说，"我们曾经多次和那家养狗的人交涉过，请求解决一下狗叫的问题。但是，那家人没有一点儿公德心，他们虽然嘴上答应着，却根本不采取任何措施。我们甚至气得要杀死那只狗，可这当然只是一句气话。最后，我们妥协了，只好搬走。"

接下来，狗仍然不停地叫着，艾梅丽一家仍然在无可奈何地煎熬着。

那对新婚夫妻为什么会交涉失败呢？既然无法再选择搬家，闲暇时，艾梅丽开始思考这个问题。于是，她想到了自己的爸爸。"爸爸！"艾梅丽打电话请教说，"您岁数大，生活经验丰富，您能告诉我有什么办法让隔壁家的狗晚上不再叫唤吗？"

"你不妨拿点儿礼物去到邻居家走动一下，顺便拜访一下邻居家的主妇，她会明白你的来意的。"爸爸说。

"那拿什么样的礼物合适呢？"艾梅丽问。

"不用太正式，也不在乎礼轻礼重，家里有什么拿什么。"

爸爸提议说，"你不是在家养了一些鸡吗？"

艾梅丽说："您是要我带上一些自家的鸡蛋吗？"

"是的。"爸爸再次叮嘱说，"你一定要按照我教你的话去说。"

艾梅丽找了一只小篮子，里面装了一些鸡蛋，穿着一身家居衣服敲响了邻居家的门。邻居家的主妇热情地接待了她，艾梅丽送上了那篮鸡蛋，并装着很随意地询问道："我们听到你家的狗成夜成夜地叫，是遇到什么烦心事了吗？需要我们帮忙吗？"

邻家主妇笑着表示感谢艾梅丽送来的鸡蛋，说她家并没有什么麻烦事。回到家，艾梅丽一开始有些怀疑爸爸的这个办法是不是管用，但到了晚上，邻居家的狗竟然真的不再叫唤了。再后来，两家的关系越来越好，孩子们很快地玩在了一块儿，那只讨厌的狗见了艾梅丽一家人也亲热地摇起了尾巴，并且晚上绝对保持安静。

生活中，许多人常常纠结于人际关系的复杂、难缠，之所以如此，只是因为没有用一颗友爱的心去善待别人。假如人人都能放下成见，敞开心扉去接纳每一个人，那么，所有的问题都会变得很简单，所有的难题都能迎刃而解。

我的敌人，我的朋友

●（美）达尔·吉尔科　孙开元　编译

1999 年，我作为美军飞行员，在科索沃战争开始的第一周，驾驶一架 F—117 隐形战机参加了空袭任务。我的任务是深入敌方战区，轰炸敌方几个军事目标。这是一次可怕的行动，前三天顺利完成了任务，第四天夜里，我要轰炸的是最重要的一个战略目标。整个飞行航程中，我的飞机始终受着热寻导弹、雷达制导导弹和高射炮的威胁，真可谓进了龙潭虎穴。

隐形技术并不能让飞机完全隐藏起来，只能让它的隐蔽性更强一些。第四天夜里，即将飞入塞尔维亚领空时，我对飞机进行了一遍隐身检查。我关了灯，收回天线，关了无线电和收发器——关闭了所有会暴露飞机位置的能发出或接收信号的装置。就要越过边境了，我抱着一线希望等待着能听到一声呼叫："解除任务，你可以返回基地。"但是我没接收到这句无线电呼叫。

我飞进了塞尔维亚，击中了目标，开始掉转机头，准备飞回位于意大利的空军基地。就在此时，两枚萨姆—3 防空导弹正朝我的方向飞来，直到导弹穿过了云层，我才发现它们。

导弹的飞行速度是音速的 3 倍，所以我根本没有时间做出反应。第一枚导弹一掠而过，另一枚导弹击中了我的飞机。爆炸产生了猛烈的冲击，一团巨大的闪光伴随着热浪裹住了我的飞机，飞机的左翼掉了下去，机身打了一个滚。我的念头一闪：这次是真的完了。

我拉动弹射手柄，降落在地，我藏在了一条灌溉渠里，最近的时候他们离我只有几百米远。8 个小时后，一架美国直升飞机赶到并且发现了我。

多年后的一天，我收到了来自塞尔维亚纪录片电影制片人泽利克·米尔科维奇的一封电子邮件，问我是否愿意重回一次塞尔维亚，和当年用导弹打下我的人——左尔坦·丹尼见个面。

2011 年，我去了一趟塞尔维亚，我此行是去斯克里诺瓦克镇，为的是拜访这位名叫左尔坦·丹尼的退伍军人。我想当面对他说："谢谢你没要了我的命。"

见面后，我心里所有怕被当作敌军士兵的担心很快就烟消云散了，因为这里的人把我也当成了一位英雄。我驾驶的隐形战机曾经坠落在这里，让这个地方从此出了名。

我拿出了带给左尔坦家人的几件礼物，我给孩子们的是几个棒球和棒球手套，给左尔坦的是一个 F—117 战机模型。他打下了一架原型战机，想必会喜欢这个模型。我的妻子劳伦给左尔坦的妻子艾伦织了个床单，床单上绣的是象征和平的图案。最后一件礼物是我四个儿子里 9 岁的柯干送的，他正在学小提琴。我在来之前录了一首他用小提琴演奏的塞尔维亚小调《丝绸织线》，他演奏得很好听。

左尔坦和我开始了更深的交谈，我发现他是个文雅而又心地善良的人，和我一样有着自己的信仰，挣钱养家，和亲朋好友处得都很好。当然，我们也谈起了"那一天"的事情。

左尔坦把我从天上打下来那年，他43岁，我40岁。他说，他的部下每次用跟踪雷达扫描超过20秒，就马上关闭雷达并且转移，因为20秒足以让敌人发现他们所在的地点。进行两次超过20秒的扫描后，他们就不再尝试了，因为那样太危险。但是那天夜里，左尔坦有一种感觉。他进行了第三次扫描，果然发现了目标。他们完成了一件从没有人做成的事情——打下了一架隐形战机。

相处了几天后，我向左尔坦告别，我们约定互相保持联系。左尔坦没有失信，第二年，也就是2012年，他们一家人来美国新罕布什尔州作客住了一星期。泽利克也来了，拍摄下了左尔坦的美国之旅。但是我和左尔坦都没注意旁边的摄影机，我们是朋友相聚。艾伦送给了我们一块手织的蕾丝桌布，这是他们保存了50多年的传家宝。左尔坦送给我的是一个萨姆—3防空导弹模型。

"你知道这是啥，对吗？"他说着，朝我咧嘴笑了笑。

我也笑了。"没错，这东西让我永生难忘。"

2012年，我去塞尔维亚参加了泽利克的电影《第二次见面》的首映式，放映结束后，观众们提出了一些问题，一位女士对我说："在我们把你打下来的时候，我欢呼着，和朋友们庆祝胜利。得知你没被导弹炸死时，我们都觉得还不够解气，我们认为你就应该死。"观众席里一下子寂静下来。这位女士接着说："但是现在，我们终于了解了你，我很高兴你能来到这里。"我一边听着，泪水就流了出来。

在这个世界上有太多的误解，带给我们的是本不应有的伤痛。我在有生之年能认识左尔坦阳光、快乐的一家人，这改变了我的世界观。这句话听起来也许有些做作，但是如果世界上所有的宗教、文化和种族团体都能像我和左尔坦这样，有机会相见并且能真正地彼此了解，怎么可能再有战争呢？

点亮对手的灯

●澜　涛

　　刚刚辍学不久，我曾在夜市卖过一段日子的服装。夜市共有200多家摊床，我的摊床在后三分之一处。但因为所卖服装的款式和价格都比较符合夜市周边市民的审美和消费水平，每天都能够赚进200多元的利润，这个利润在夜市中是一个很可观的收入。

　　一天，夜市中部50几家摊床用电的电闸被烧毁了，因为没有备用电闸，只好等第二天修理。看着幽暗路灯下，那黑蒙蒙的几十家摊床，心里不仅有点幸灾乐祸，盘算着，因为少了三分之一的竞争对手，今天的生意一定会更好。也许是出于相同的心理吧，当那些断电的业户欲要临时从有电业户处接灯时，都被种种借口拒绝了。可奇怪的是，直到快要收市了，也没有几个顾客，我一件服装都没有卖出去。信步走进那段没有路灯的摊位中，向前走去。就在将要走到前三分之一有灯的摊位时，迎面几个顾客的对话吸引了我："这里没有灯了，回去吧！""过了这一段，前面不就有灯了吗？""这段多黑啊，不过去了，算了，回家吧！"……看着一个个顾客折转身走了，我被震动了，蓦然间懂得了，想要做赢家，首先要有一颗宽厚的心，既要为自己计算，又要能为对手着想。

现代社会，竞争激烈，对成败名利得失的追逐常常让人们耗尽脑汁、算尽心力。有时为了达到目标，不惜施以种种手段，欺骗、排挤，甚至攻击、诋毁对手。狭隘一点点将心灵里的宽厚、澄澈都挤掉了。

一朵花的艳丽显不出春天的美丽，百花争艳才能织成春天。竞争的实质不是自己比对方赢得更多，而是相互补充和支撑的双赢。点亮对手的灯，照亮的不仅仅是自己，还有抵达自己目标的路！照亮的是一片海啊！更是一种境界、睿智和宽阔。

海纳百川的宽厚，让百川浩荡了海。

成功的秘诀居然如此简单，点亮对手的灯。

误 会

● 杨文凭

刚出门打工时，为省些房租费，我只好寄居在山伯那位于双屿镇的工棚里，再骑自行车去市中心的公司上班。

山伯一生踏踏实实、任劳任怨，是村里出了名的老实人，由于家有患病在床的父亲，又不懂什么技术，那些年一直在建筑工地上当杂工，家境很不好。可是，他对我却很慷慨，我有时候加班回来，山伯也刚好下了晚班，就请我到工地门口吃烧烤，我们和摊主逐渐熟悉起来。

那天，工地上发了拖欠了半年的工资，山伯赶紧给家里汇了一些生活费，买了一些日用品，又请我们几个老乡去附近的烧烤摊吃宵夜。

几天过后，山伯去工地前的一家小卖部充话费，便拿出前几天在烧烤摊找过来的50元零钱。店主把钱拿在手头摸了摸，感觉不对劲，又用双手捏着钞票在眼前瞄了瞄，拿着钱往石灰墙上擦了一下，说："假钱，不要！"山伯有点不相信，想辩解，店主说："竟敢用假钱？看你是老顾客的份上，不然，我早就打电话报警了！"

山伯感到很委屈，拿着 50 元回到工棚，给我们核对，仔细一看：原来真是假钞，只是仿真度挺高的，加上山伯一直不太注意，才没发现。50 块钱啊，相当于山伯辛辛苦苦干大半天的工资呀。

我和老乡们都很生气，说去找烧烤摊摊主评评理，要他把假钱换掉。可是，山伯认为这么多天过去了，又不是在现场发现，口说无凭啊，就劝解大家别冲动，只能发誓以后再也不去那家烧烤摊吃东西了。

有的老乡建议，把假钱给他，由他去其他地方帮山伯花，花掉之后再给山伯真钱。可是，山伯不肯，说："哪个收到了假钱就哪个倒霉，要是落到一个更贫困的人的手中，那不是害了他？咱不能做这种不厚道的事情！再讲，使用假钱是违法的！"

为断绝大家使用假钱的念头，山伯当着大家的面，把那 50 元撕烂，扔进火炉中烧掉了。

没想到，事情到现在并没有完。

几天后，不知道怎么的，有工地的工友到那家烧烤摊吃宵夜，无意中提起了山伯收到 50 元假钱的事。

当晚，那家摊主刚收完摊，就半夜里匆匆来到工地上，找到山伯，硬要塞给他 50 块钱。摊主很抱歉地说："真是对不起，那天太忙，我也不知道哪时候收到了假钱，更不知道把假钱找给了你！"山伯嘿嘿笑了笑，把钱塞了回去："原来你也是受害者，这钱我怎么好意思拿呢？大家都不容易！"摊主说："哪里行呀，你都是我的老顾客了，咱们乡下人出来做生意，得诚实，这钱你必须收！"

一场误会，就这样解决了，我们又和烧烤摊主重归于好，又成了他那儿的常客。

因为有人间最质朴的信任，有时候一对比那些造假钱、用假钱的人，在两个质朴、诚实守信的农民工面前，显得多么可笑啊！

张水的方式

●李伶伶

下雨，工地上干不了活。闲着没事，工友们凑在一起打扑克，赢的往输的脸上贴纸条。张水牌技不好，被工友们贴了满脸纸条。工友笑，张水也笑。玩嘛，就图一乐。

直玩到肚子咕咕叫，才知道快晚上了，午饭还没吃呢。有人提议去外面买点馒头和咸菜，省事。大伙都同意，可是一看外面的雨还没停，又都不愿意出去。张水说，我去吧。张水在这些人里年纪最大，为了挣钱供儿子念大学，正月还没过完就出来打工了。

张水披了一件工友的旧雨衣，来到了工地附近的超市。先挑了几袋最便宜的馒头，又去挑咸菜。咸菜的品种很多，张水不得不一个一个仔细看价签，对比又对比，挑最便宜的买。老百姓就是这样，花钱时能省一分是一分。

张水在收银台付完款，拿着馒头和咸菜往外走，被一个保安模样的人拦住了。张水狐疑地看着拦他的人，说，怎么了？那人说，你过来一下。张水半疑半惑地跟着那人来到了一间办公室。

在办公室里，张水被经理检查了他买的东西，还有他的雨衣，他的外衣，他的裤兜，张水被他从上到下从里到外地搜了个遍，只搜出了一袋张水自制的旱烟和十几块零钱。他们把张水的东西还给他说，你可以走了。张水就走了。

张水走到半路才觉得事情不对头，他们刚才这么对他，分明是怀疑他偷了东西。他们把他当成了小偷！张水知道自己身份低微，经常被人看不起，可是还从来没受过这种羞辱！他想回去找他们说理，这时，手机响了。工友说，张水你上哪儿买馒头去了咋这么长时间，我们都快饿死了！张水想了想，就没回超市，回了工地。

吃饭时，大伙饿狼似的吃得很香，张水却一口也吃不下。工友说，张水你是不是偷偷下馆子吃饱了？张水说，我下什么馆子？我被人当成小偷搜了身，哪还有心思吃！张水心里堵得慌，别说馒头，就连水也喝不进去。大伙一听，都停止了咀嚼。有年轻的工友说，他搜身经你同意了吗？张水说，没有。啥都没说就搜了，搜完，啥都没说就让我走了。工友说，让你走你就走了？张水没吱声。年轻工友说，张水你可真窝囊，他们无故搜身是违法的，你应该报警！另一工友说，报也白报，没人管这种事。年轻工友说，不管就去告他！另一工友说，告他能咋地？大不了他给你赔个不是。可是这官司不是一天能打完的，要是打上一年半载的，耽误的工钱谁赔给你？

张水没吱声。

晚上儿子来电话，兴奋地说他当上了班干部，大伙选的，他票数最多。张水很高兴。儿子从小到大都很优秀，是张水的骄傲。为了儿子，受再多的委屈都无所谓。张水没跟儿子说他被搜身一事，第二天他也没去找超市，而是像往常一样去工地干活了。

一天晚上，有个工友拉肚子，张水帮他去药店买药。刚从药店出来，接到另一工友的电话，让他帮着买包烟。张水犹豫了一下，又去了那家超市，因为附近没别的超市。

张水买完烟刚想往外走，进来两个蒙面人，手里都拿着刀。超市的人顿时慌作一团，连保安都一时不知所措。

张水没慌，他年轻时当过兵，学过擒拿。所以当两个蒙面人举着刀，要挟收银员交出钱时，佯装害怕蹲在地上的张水突然站起来，出奇不意地扼住其中一个蒙面人拿刀的手腕，打掉了他手里的刀。另一蒙面人马上过来攻击张水，张水身上挨了一刀，但他的手一直紧紧地攥着歹徒的手腕。这时，保安上来，大家一起把歹徒制服了。

工友们都不理解张水的行为，说超市那么对你，你怎么还帮他们抓歹徒？张水说，当时哪有时间想那个，就想着不能让坏人得逞！

超市经理去医院感谢张水，说起从前的事，很不好意思，说超市总丢东西，监控器都抓不到，他们才……张水大度地笑笑，说过去的事就让它过去吧，理解万岁！

第七辑
赢取人生要争气，不要看破要突破

喜欢敌人的理由

● （澳大利亚）萨莎尔·杨　孙开元　编译

在理想中的世界里，我们都希望自己到处都能招人喜欢，永远不会受到任何人的伤害。不过现实生活中恐怕没人会这样幸运，我们大多数人在工作、学习或社交场合中，时常就会遇到和我们作对的人。即使你不想招惹他们，"敌人"们也会让你生活一团糟。

但根据美国心理学家乔娜·兰博尔说，我们也大可不必见到此种人士就退避三舍。"我们最好还是能容忍人与人之间的不同，接受不是所有人都会喜欢你这个事实。"她说。事实上，有个冤家对头对你还有不少好处呢，让我们来看看：

1. 他们会让你工作更努力

一些良性竞争不会对任何人造成伤害，尤其是在事业中。遇到一个对手，意味着你需要更努力地工作，以获得发展机会。虽然你不应视职场为赛场，但是有一点竞争观念确实会提高工作效率。"一旦我们看到有人在工作上领先于我们，我们通常会尽全力迎头赶上，"兰博尔说，"当然，我们无须把别人都当成敌人，但是在工作中就要有不甘落后的精神。"

不过，有时候你想要的不是单靠争就能获得的，比如爱情。而且人人为劲敌的想法也会非常不利于心理健康，如果你发现自己凡事都要去争，你就应该把竞争观念降低一些了。

2. 他们能让你有自知之明

你是否有过让对手的一句挖苦给击垮的时候？敌人会成为我们的眼中钉，但是他们的尖刻话语会让我们时时保持头脑清醒。"你很难在敌人面前表现得过分张扬。"兰博尔说。但这正好提醒我们要谨言慎行，特别是在你口无遮拦的时候。

如果你的敌人过于苛刻，你担心他们可能会利用你说的话来攻击你，更保险的办法就是沉默，如果情况允许的话。比如，在会议室里，领导可能会提倡大家畅所欲言，而在和朋友们一起边吃烧烤边聊天时，保留某些观点对你总是有益无害的。

3. 他们会给你最中肯的建议

如果你问一位朋友或伙伴："我穿这件衣服是不是很显胖？"你会得到不同的回答，每个回答可能都是经过仔细斟酌，以免说出实话会伤害你的自尊心。和爱你的人在一起，最让你称心的就是他们会在乎你的感受。

敌人没有这样的顾虑，但即使是他们的话听起来剜心透骨，对你的个人成熟也可能会有积极的一面。"他们反馈给你的大部分信息可能都是不中听的，"兰博尔说，"但是他们能说出朋友从没给过你的见解。"

不过你要知道如何在风凉话中发现真知灼见。"这个思考对你来说可能是痛苦的，但确实有助于你客观看问题，"兰博尔说，"假如同样的反馈信息来自于你喜欢的人的温和话语，你会这样认真倾听吗？尖刻的话语如果没有任何价值，你可以听而不闻。即使只有一分事实，你也应该把它作为提高自己修为的动力。"

如果别人的一句讥讽让你久久无法释怀，你可以向好朋友诉说，他们会帮你分析一下是否值得为之彻夜难眠。

4. 他们会给你一个全新视角

"每一次能以别人的眼光看世界的机会，你都应该珍惜。"兰博尔说。特别是那些和你意见相左的人，他们可能会有不同的经历和认识。"你得到的见解越多，你看问题就会越全面，从而学会宽容和接纳。"兰博尔补充说。

有时候，不同的见解还能帮你认识到自己与别人的差距，所以，与其逃避逆耳之言，不如洗耳恭听，不同的见解会让你眼界更为宽阔。

5. 他们教会你坚定立场

温斯顿·丘吉尔曾经这样说过："你有敌人吗？恭喜，那意味着你在生活中有了自己的主见。"丘吉尔清楚地知道对手的价值。兰博尔说："我们可能感觉很难在亲近的人面前坚持自己的立场，而敌人是我们实践坚持立场的绝好伙伴。"我们不会太在意敌人会怎么看我们，所以能更勇敢地面对他们。而且，面对冲突还会增强我们的自信，因为我们从中摆放好了自己的位置。

像农民，像米勒

● 郭彦红

　　19 世纪的法国，现实主义画家柯罗、罗梭、米勒、杜普列、狄亚兹、杜比尼……大都曾住在巴黎近郊枫丹白露森林的小村庄巴比松，描绘法国普通的农村景色，在日常生活中发现审美价值，这就是有名的"巴比松"画派。

　　但是，当画家米勒在 1849 年搬到这里的时候，巴比松还只是法国的一个偏僻小乡村，没有学校，没有教堂，没有邮局，一片荒凉。米勒带着一大家子住在巴比松大森林旁边一个谷仓，每天作画、种地、喂养一堆孩子。他在这里一气住了 27 年，到死都没有摆脱贫寒，没钱买画布，寒冷的冬天只能拾柴取暖。

　　贫困曾让他想自杀，但最终意识到这是个荒唐的念头。他是个慈父，称孩子们"我的小蛤蟆"。当他亲密的朋友、哲学家卢梭给孩子们带来一些糖果，"小蛤蟆"们狂喜地跺脚尖叫，卷发披肩的米勒见此情景谦逊而感激地微笑。这就是米勒，"庄稼汉的但丁，乡巴佬的米开朗基罗"。

　　这一切都在他的画里得到完美体现。《晚钟》里，日暮余辉笼罩，远方教堂依稀可见，里面传来做晚祷的钟声，一对农民夫妇在田间默默祈祷……《簸麦者》里昏暗的农舍，一位衣衫褴褛的农民使劲摇晃盛满麦粒的簸箕，四周弥漫着金黄色的尘埃；《拾穗者》那收割后的麦田，三位农妇在金黄色的夕照下觅拾麦穗，她们的身影具有雕塑般的庄重，不再是这个世界卑微的附属品，而是独立的主人，她们拾穗的形象更成为人类生存内在涵义的象征。虽然米勒笔下的人物都是穷苦农民，但他们都带着英雄式的尊严，显示着对生活的尊重与虔敬。

他和梵高不同。梵高是一束明亮的，带有浓重的神经质的火焰，有了一点小钱，就一杯接一杯地喝苦艾酒，一支接一支吸劣质烟，在阳光灼人的正午画令人炫目的向日葵，一天画十几个小时，直到把自己搞得崩溃；米勒却像一朵烛火，温暖，平和，在无边的暗夜里静静燃烧自己，烛照世界。

可是，谁也想不到，他其实和梵高一样痛苦。

米勒童年时，一次和双亲在教堂做礼拜，一名浑身湿透的水手闯进去，说帆船触礁失事。人们来到海岸，见到桅杆和人在浪谷里忽上忽下，传出绝望的呼喊。村里的男女老少跪在崖上祈祷，那苦楚而又无望的面容啊，还有格律希海岸的，像鞭子一样抽打他们的风，使米勒一辈子也忘不了这个场面。因而，当青年米勒第一次到罗浮宫时，深深吸引他的是米开朗基罗痛苦而壮观的雕像。批评家称米勒在此"找到了灵魂的嘴，喂之以痛苦，滋生出美"。的确这样。当他坐在林间企图享受一点宁静的时候，背柴的农夫由小径蹒跚而来，米勒的泪水随之淌下。

但是，他所经历的所有美和痛，最终都化作心里的安宁与平和，就如他自己所说："生活中快乐的一面从不在我眼前展现过。我所知道最快乐的事，是平静与沉默。"

上帝把贫困压在米勒肩上，把痛苦种在他的心里，他却以贫困和痛苦作养料，种出枝繁叶茂的树，结出甘香甜美的果，这一颗是《晚钟》，那一颗是《簸麦者》，这一颗是《播种》，那一颗是《拾穗者》……是的，就算整个世界都对自己不平加身，我们也可以像农民，像米勒，以一种有尊严的态度，不去抱怨，努力工作。

受过伤的小土豆

● 张旭辉

短发，中等个，面白皙，稍微有点暴暴牙，又爱左右晃着头笑，像一朵嫣然摇笑的洋姜花，开在篱笆下。见她第一眼，我就能看见她背后长长的岁月，尽头站一个老人，系蓝染腊布的围裙，裙带上坠一双小胖手，屁股后面顶一个小脑袋，自己作火车头，小孙子作火车尾，手里端着饭菜往桌上放，大海碗土豆丝，青辣椒紫茄子。

当然现在她还不老，甚至还没结婚，嫩得很。又嫩又多话，又像爬满架的喇叭花，趁着春风呜哩哇呜哩哇："我还没出过远门嘞，我们老师说，就当来玩一趟。"

"我爱写字，也爱写东西，可是写字也写不好，写文章也写不好。"

"这儿真好。嗯，还有台灯，厕所也好，真干净哎。"

"啊，这儿的牙膏也要每天换呀。"

一会儿又拿一只挺漂亮的玻璃杯泡茶——她是开茶店的，一边问："姐，喝茶不？"

"啊。"我喝茶的境界等同于牛嚼牡丹虫吃莲，"我不会喝。""没关系，我来教你。"呜哩哇呜哩哇……把我困得呀，两只眼睛都成了绿蚊香。

她的茶店开在一个挺小的县城的一个挺偏远的角落，去买个茶叶都得翻山越岭——图的是房租便宜。且开店也能开得拮据而潇洒，看得顺眼的，白送你茶喝；看不顺眼的，比如吃醉酒了，或者叼着香烟，牙齿让烟熏得黄漆漆的，怕唐突了好茶，就不肯卖，拿白眼剜人家。

君子人之所以是君子人，是因为他能有所为而能有所不为，比如能做官而不能做贪官，能下江湖而不能为害江湖，能挣钱而不能挣脏钱，能腹黑而不能瞎腹黑，有傲骨又能谦逊待世人。这个小姑娘就有一颗君子的心。

我问这个小君子，一个月能挣多少钱？

她很爽快："一千块吧。"

"那你们那儿的物价怎样？"

"贵着呢。"小姑娘努力说着大舌头的普通话，"一个煎饼果子要三块钱，还有房子，一平米要两千五，像我们穷人是买不起的，只好住石头房……"

石头房我见过，就是大大小小的石块叠罗汉，做加法，年头久了，发了黑，石头缝里长出根根细草，有草虫蝈蝈叫。买房？那是不可能的。开茶店的本金三万块钱还是借别人的，还没还上呢。

按说很值得犯愁的人生，她却过得很高兴。课余会罢，小姑娘就会每天出门，拿回来的东西也林林总总：一张塑封过的照片、一面小圆镜、一只底座是圆球的打火机，一打着火，肚皮就会一闪一闪地发光，萤火虫一样；一只指头肚大的牛角鞋，鞋底有人字纹，我问她干什么用的，原来她给宾馆的钥匙配了一个钥匙链；第二天中午又拎回来一兜干果；第三天是一方泥裹土封的砚，一只扁平刻花的碗……这些东西被她摊在床上，一样一样细细地看，然后又把砚啊碗啊泡在水里，拿小牙刷细细地刷，一边刷一边无比快乐地发表宣言："钱不花完，我不回家！"

天气太热，她又爱脱掉外衫，还不乐意我拉窗帘，用她的话讲："我才不怕他们看嘞！"然后趴在床上打电话，一副随情随性的小样，好比一把小羊角葱长在后园，天生成的青辣新鲜。

一转身的工夫，我看见她光溜溜的背上有一处可疑的隆起，位置正在脊柱，像光滑的水面长了瘤，平整的树身长了球。

"这……这是怎么回事？"

"啊。"她满不在乎地扭头看一下，"我出车祸啦，脊柱撞断了，还有大腿骨。在炕上躺了三年呐。"

"啊！找着肇事司机没有？"

"没有——"她拉着长声，舌头曲里拐弯，唱歌似地跟我讲，"看病的钱都是借的。不过命保住了，真好——"

是啊，真好。借钱开茶叶店，真好；努力赚钱，真好；出差，真好；乱花钱，真好；命保住了，真好。

席间吃饭，我爱上一种当地特产的土豆，指头肚一般大，洗净，上屉蒸熟，小心剥掉外皮，在绵白糖里滚一圈，原来有一点土涩的口感就变得甘润绵甜。这个姑娘就是一粒小土豆，把自己种在千万丈的烟火红尘，虽然受过伤，但是既不怨天，也不尤人，笑容好似亮晶晶的绵白糖，那是这个世界永远不落的阳光。

把蹦床搬进地下洞穴

●李　静

英国青年埃尔维斯失业了。他沮丧地回到家，不知该如何面对太太和儿子。

第二天清晨，埃尔维斯听到闹钟响，像往常一样爬下床，揉着惺忪的睡眼走进洗手间。忙乱中他恍然想起失业的事，下意识地探出头看了看床上熟睡的太太，他打算瞒着她，赶快去找一份新的工作。

走出家门，埃尔维斯买了很多报纸，在公园的长椅上翻看着招聘启事，并把适合的工作抄了下来。公园里不时传来孩子们的欢笑声，他循声望去，一些和自己儿子差不多大的孩子在蹦床上欢快地跳跃着。

中午，他买了一个最便宜的汉堡填饱肚子，然后按照记录挨家去面试。接连跑了一个星期，却没有接到任何录用通知。无奈，埃尔维斯只能再次将头埋进报纸堆里，大片的招聘启事看得他眼花缭乱，他不停地在心里抱怨，为什么没有一个公司愿意录用自己，眼睛却不由自主地瞟向了其他新闻。

霎时，一家旅游公司重金征集创意的消息吸引了他。他原本是一家广告公司创意部的职员，就在他为升为创意总监而努力时，老板发生了意外，公司转手，他被迫失业了。此时，报纸上醒目的铅字唤醒了他一直以来萎靡的精神。

那家位于威尔士的旅游公司最近开发出一些深邃的洞穴，他们想通过公开征集创意的方式，让那些大小不一的洞穴成为旅游景点。看完这条消息，埃尔维斯摩拳擦掌，没过几秒，他又开始失落，被失业搅得大脑一片空白，一时也没有什么好的创意。

周末，儿子嚷嚷着让埃尔维斯带他去游乐园玩。他皱了皱眉，心想如果再找不到工作就要向太太摊牌了，哪有心思带他去玩。可儿子怎么知道埃尔维斯的苦楚，他不停地闹着。埃尔维斯想起了公园里的蹦床，他连哄带骗地把儿子带到了公园。

儿子一看不是自己想去的游乐园，马上大哭了起来。埃尔维斯没有刻意去哄儿子，而是把他放到了蹦床上，他拉着儿子的手示意他随着音乐慢慢跳跃。很快，儿子被蹦床吸引了，破涕为笑，而且越跳越高。

儿子挂着泪珠的笑脸让埃尔维斯很辛酸，他看看儿子，又看了看自己经常坐的那个长椅，仿佛那个在翻看报纸的自己又出现在面前。没多会儿，儿子就满头大汗，还不停地喊热。他把儿子抱下蹦床，就在这一刻，他忽然茅塞顿开。他想，如果把蹦床搬进洞穴里，小孩子应该就不会出汗了吧？

回到家，埃尔维斯马上钻进书房，将自己精心策划的方案发了过去。之后的日子，他依然每天奔波在应聘的路上。一个月后的一天，埃尔维斯正在想怎么能对太太继续隐瞒下去时，手机突然响了起来。令他没有想到的是，他的创意被采纳了，对方邀请他到公司详谈。起初，埃尔维斯都不太相信自己的耳朵，经过反复确认，他终于相信了。他来到那家公司，与老板侃侃而谈。

一段时间后，几处具有特色的洞穴里被悬挂上三个巨大的蹦床，高度从20英尺到180英尺不等，蹦床防护网的直径则有10英尺，宽敞的空间可以让游客自由行走和跳跃。除此之外，洞穴中还放置了不同颜色的照明灯，色彩旖旎绚丽，让整个环境弥漫着神秘的气息。

其实洞穴蹦床最大的亮点并不在于此，而是带给游客的惊心动魄的体验过程。他们可以戴上头盔、穿上棉质安全服，搭乘火车进山。在洞穴里一个小时的体验中，游客满眼都是惊奇，还不会大汗淋漓。

高达180英尺的蹦床不在室外，而在幽深的地下洞穴中，这个创意吸引了众多喜欢冒险的青年人。不仅让旅游公司大赚了一笔，也让埃尔维斯找到了新的工作，而且是创意总监的职位。

往往，成功总是青睐于那些敢于突破常规、大胆创新的人。埃尔维斯的成功，就在于他不是和不济的命运赌气，而是在命运面前尽自己最大努力去争气。

争气永远比生气漂亮

●老玉米

我有一个性格外向开朗的朋友，承包了一个小煤矿，干得还算顺利。他的性格有些张扬，几个有资历的矿主打心眼里瞧不起他，有一次在酒桌上，一个很牛的矿主就和他说："你现在到底有啥啊，凭什么这么张狂呢？"他说："我可能现在什么都不如你，但是有一样是你不如我的，那就是年龄。你比我大10岁，这10年之间发生什么，谁都不可预料。年轻，就是我的资本。"

一席话，让那些财大气粗的矿主们哑口无言。

他这些年经历的挫折，外人很少知道。他总是将那坚强乐观的一面示人，殊不知，很多时候，他就像一只被捉住的鹰孤傲倔强不肯认输，只是在夜深人静的时候独自用嫩黄的喙梳理杂乱的羽毛，用粉色的舌头小心舔舐自己的伤口。然后，在第二天，继续高昂他的头颅。

他说生命是充满变数的，谁也不敢说自己可以做一辈子的王，也没有人愿意承认自己甘愿做一辈子的奴仆。"你可以看扁现在的我，但永远不要低估将来的我。"这是他为自己写的座右铭。

我有一个身在农村的表弟，在他身上，我领略了另一种截然不同的生活态度。

表弟总说，别人总是看扁他，他觉得自己再也没脸活下去。

他是个自卑的人，总觉得自己处处不如别人，总喜欢和亲戚邻居们攀比，比较的结果就是最后数他的日子过得最差。按理说，他是个很勤劳的人，日子本不应该过成那个样子，可是他遇事不经大脑，脾气也倔犟。总喜欢不停地往家里买各种机器，就那么几垧地，买这么多铁疙瘩根本用不上几次，而且三天两头的不是这里坏了就是那里需要换零件了，更多的时候是闲置在那里，生了厚厚的铁锈。亲戚们怎么说他也不听，一副不撞南墙不回头的驴憨劲儿。自己还总是怨天尤人，说老天爷不开眼，这么拼命干活却换不来好日子。面对亲朋好友的贬斥，他不反思，反而更加郁闷，给自己买了两个手机，分别办了两张卡，把别人看扁他的话都编成了短信，然后用这个手机发到那个手机上，再从那个手机发到这个手机上，翻来复去，让他的苦闷在心间产生了对流，终日里萦绕不去。他就这样，不停地被他自己的苦闷折磨着，终于有一天，精神崩溃，喝了农药。所幸抢救及时，命救过来了，思想不知道能不能渡过来。

其实，如果他能反过来，把那些别人看扁他的话当成一种激励，多去想一想生活中点点滴滴的快乐，那么，这快乐的露水一定会一点一点慢慢聚集，最后聚集成快乐的海洋。那样就会是另外一种结果了。

生活的艺术更像是摔跤而不是跳舞，既要站得稳，还要时刻准备好面对突如其来的打击。

人生在世，很多时候我们不得不面对冷漠的面孔、嘲弄的眼神甚至恶意的中伤、阴险的陷阱……但无论我们周围的世界怎样的令人痛苦不堪，无论我们心灵的天空如何阴霾密布，我们都应当笑对人生。

张小娴说："与其因为别人看扁你而生气，倒不如努力争口气。争气永远比生气漂亮和聪明。"

"就凭你，能行吗？"人生路上，我们经常会遇到这样的质疑，此刻，需要你说一句："我能行。"永远不要忘记当初的梦想并去坚守它，如果它是天上的星星遥不可及，不妨先让它变成枕边的油灯。

只记着那些好

● 李红都

二十年前，她曾做过很多相似的梦，在法庭中、在马路上、在大海边……她咬牙切齿地与那个"恶人"决战。但她却始终不知道那个戴口罩、穿白大褂的"恶人"姓甚名谁？

"他是谁？告诉我他的名字。"已 N 次询问爸爸，那个在她童年发烧求医时给她错开了抗生素造成失聪的当事医生叫什么名字？

好几次问起这个话题时，爸爸便痛苦地锁紧眉头，目视窗外，把拳头握得紧紧的，妈妈拉过她，在纸上匆匆地写："别问了，你爸当年恨不得跟那个大夫拼了命的……"

"那为什么不告诉我？他是谁？我恨他一辈子。"她抓起桌子上的杯子狠狠地摔在地上。玻璃的碎片滚了一地，亮闪闪的，像她伤心的泪滴。

"那个年头很多人还不了解抗生素对听神经的危害，而且当时的法律制度也不够健全，官司咱打不赢。爸妈来承受这个苦和恨已够了。你没有必要记住他是谁。"妈妈流着泪安慰她……

很多次都是这样，结果不了了之。她试图忘记他，可是，当她跟着心力交瘁的爸爸在四处求医的路上艰难地奔波，花光了家里的积蓄仍没治好耳朵。她就又忍不住去恨那个医生。

爸爸找来纸和笔，"乖，对你好的人多不？上课老师让你坐前头便于你看清口型，下课同学让你看笔记，帮助你及时跟上讲课的进度；街坊里好多人都热心地帮我们打听治耳朵的信息；妈妈的同事李老师每年暑假都为你做漂亮的连衣裙，把你打扮成人见人爱的小公主；我带你到上海治病，好心的房东每次买了水果和点心也给我们送一些尝尝；那年在秦皇岛，治了两个月还是没有治好，你想不开了，那个陪着孙子一起来治病的山东老奶奶和我一起苦口婆心地劝你……你再想想，值得你感谢的人还有很多很多，为什么不去多想想别人的好？"

她心里的阴云就在爸爸的开导下渐渐散去。她开始留意身边人的好。

她发现，面对她听的迟钝，周围总有很多善良的人能抱以理解和包容；她发现，她的朋友和亲人都是她的耳朵，帮她克服了一个个学习和生活上遇到的障碍；她发现，在外面遇到沟通不便的时候，总有认识或不认识的人帮她渡过"难关"……父母每次带她到一个城市治病，无论多忙多累，都会抽空带她游览当地的名胜，她感受到了亲情的珍贵和大自然的美丽……原来，生命中有这么多美好的人和事值得她去留恋和珍惜，原来自己拥有这么多的幸福和快乐，实在不值得为曾经的失去而痛苦一生。

她的心被看到和感到的美丽温润着、感化着，她心里的那个怨结越来越小，她学会了感恩，懂得了包容，知道如何用平和的心态面对残疾后的生活。

因为感恩，她真诚地回报着帮助过她的人；因为包容，她不再计较生活中的小是小非；因为平和，她体会到了笑看云卷云舒的曼妙……她欣喜地发现，走出了心灵的阴影，她的胸怀和人生路都在越变越宽，朋友也越来越多，她的快乐在与日俱增着。

有一天，她告诉爸爸："我感到，我心里已找不到曾经那个仇恨的影子了，我能清楚地记着的，都是那些值得我感谢的人。"

爸爸笑了，写下了一段她一生都忘不了的话："当年我不愿意告诉你那个大夫的名字，也不愿意在你面前提这件痛苦的事，就是因为我不想让曾经的伤害在你心里播下仇恨的种子，不想让你生活在怨恨的阴影中。我只想让你记着那些美好的人和事……"

成年后的她每每回忆起爸爸当年的话，心里便弥漫起阳光下荷花的芬芳。是啊，心灵的空间是有限的，只有少放进一些阴影，才能多些空间容纳阳光，只有阳光充足的地方，花儿们才能健康茁壮地成长。

如今她已懂得了爸爸当年的苦心，懂得了爸爸朴实的言语中蕴含的人生哲理——忘掉那些伤害过你的人吧，只记着那些对你好的人和美丽纯洁的往事，这样，我们才会对这个世界有更多的希望和感恩！

无法不对你残酷

● 安　宁

弟弟第一次到北京读大学的时候，与我是同样的年龄。在父母的眼里，17岁，只不过是个孩子，而且，又是没出过县城连火车也没有见过的农村少年。母亲便打电话给我，说要不你回来接他吧，实在是不放心，这么大的北京，走丢了怎么办？我想起这么多年来，一个人走过的路，很坚决地便拒绝了。我说有什么不放心的，一个男孩子，连路都不会走，考上大学有什么用？！

弟弟对我的无情，很是不悦，但父母目不识丁，也只能依靠自己。我能想象他从小县城到市里坐火车，而后在陌生的火车站连票都不知道去哪儿买的种种艰难，但我只淡淡告诉他一句"鼻子下有嘴"，便挂掉了电话。是晚上12点的火车，怕天黑有人抢包，母亲提前五个小时便把他撵去了车站。他一个人提着大包小包，在火车站候车室里坐到外面的灯火都暗了，终于还是忍不住给我打了电话。我听着那边的弟弟几乎是以哭诉的语气提起周围几个老绕着他打转的小混混，便劈头问道："车站民警是干什么的？！这么晚了还来打扰我睡觉，明天车站见吧。"弟弟也高声丢给我一句："车站也不用你接，用不着求你！"我说："好，正巧我也有事，那我们大学见。"我举着电话，听见那边嘈杂的声音里，弟弟低声的哭泣，有一刹那的心疼，但想起几年前那个到处碰壁又到处寻路的自己，还是忍住了，轻轻将电话挂掉。

弟弟是个不善言语又略显羞涩的男孩，普通话又说得那么蹩脚，扫一眼眉眼，便知道是乡村里走出来的少年；亦应该像我当初那样，不知道使用敬词，问路都被人烦吧。他一个人在火车上，不知道厕所，水都不敢喝。又是个不舍得花钱的孩子，八个小时的车程，他只啃了两袋方便面。下车后不知道怎么走，被人流裹挟着，竟是连出站口都找不到。总算是出来后，一路上挤公交，没听到站名，坐过了站，又返回去。等到在大学门口看见我笑脸迎上来，他的泪一下子流出来。看着这个瘦弱青涩的少年，嘴唇干裂，头发蓬松，满脸的汗水，额头上不知哪儿划破的一道轻微的伤痕，我终于放下心来，抬手给他温暖的一掌，说："祝贺你，终于可以一个人闯到北京来。"

临走的时候，只给他留了两个月的生活费。我看他站在一大堆衣着光鲜的学生群里，因为素朴而显得那么地落寞和孤单，多么像刚入大学时的我，因为卑微，进而自卑。我笑笑，说，北京是残酷的，也是宽容的，只要你用心且努力，你也会像姐姐那样，自己养活自己。我知道年少的弟弟，对于这句话，不会有太多的理解，他只是难过，为什么那么爱他的姐姐，在北京待了只是几年，便变得如此地不近人情？他之所以千里迢迢地考到北京来，原本是希望像父母设想的那样，从我这里获取物质和精神的多方支持，却没想，连生活费，做姐姐的，都要自己来挣。

　　一个月后，弟弟打过电话来，求我给他找份兼职。我说，你的同学也都有姐姐可以找吗？他是个敏感的男孩，没说什么话，便啪地挂断了。顷刻，母亲的长途便打过来。她几乎是愤怒地说："你不给他钱也就算了，连份工作也不帮着找，他一个人在北京，又那么小，不依靠你还能依靠谁？！"我不知道怎么给母亲解释，才能让她相信，我所吃过的苦，他也应该能吃，因为我们都是乡村里走出来的孩子，如果不自己走出一条路来，贫困只会把所有的希望都熄灭掉，而且留下无穷的恐惧给飘荡在城市里的我们。碰壁，总会是有，但也恰恰因为碰壁，才让我们笨拙的外壳迅速地脱落，长出更坚硬的翼翅。

　　我最终还是答应母亲，给弟弟一定的帮助，但也只是写了封信，告诉他所有可以收集到兼职信息的方法。这些我用了四年的时间积累起来的无价的"财富"，终于让弟弟在一个星期后，找到了一份在杂志社做校对的兼职。工作不轻松，钱也算不上多，但总可以维持他的生活。我在他领了第一份工资后，去赖他饭吃。他仔细地将要用的钱算好，剩下的，只够在学校食堂里吃顿"小炒"。但我还是很高兴，不住地夸他，他低头不言语，吃了很长时间，他才像吐粒沙子似的恨恨吐出一句："同学都可怜我，这么辛苦地自己养活自己；别人都上网聊天，我还得熬夜看稿子，连给同学写封信的时间都没有；钱又这么少，连你工资的零头都不到。"我笑道："可怜算什么，我还曾经被人耻笑，因为丢掉50元钱，我在宿舍里哭了一天，没有人知道那是我一个月的饭费，而我，又自卑，不愿向人借，可还是抵不住饥饿，我在学校食堂里给人帮忙，没有工资，但总算有饭吃。你在现实面前，如果不厚起脸皮，是连走路的力气都没有的。"

那之后的日子，弟弟很少再打电话来，我知道他开始"心疼"钱，亦知道他依然在生我的气，因为有一次我打电话过去，他不在，我说那他回来告诉他，他在大学做老师的姐姐打过电话问他好，他的舍友很惊讶地说，他怎么从来没有给我们说过有个在北京工作的姐姐呢？我没有给他们解释，我知道他依然无法理解我的无情，且以这样的方式将自己原本可以引以为傲的姐姐淡忘掉。就像我在舍友们谈自己父母多么地大方时，会保持沉默且怨恨自己的出身一样。嘲弄和讽刺，自信与骄傲，都是要经历的，我愿意让它们一点点地在弟弟面前走过，这样他被贫穷折磨着的心，才会愈加地坚韧且顽强。

学期末的时候，我们再见面，是弟弟约的我，在一家算得上档次的咖啡吧里，他很从容地请我"随便点"。我看着面前这个衣着素朴但却自信满满的男孩，他的嘴角，很持久地上扬着，言语，亦是淡定沉稳，眉宇里，竟是有了点男人的味道。他终于不再是那个说话吞吐遇事慌乱的小男生，他在这短短的半年里，卖过杂志，做过校对，当过家教，刷过盘子；而今，他又拿起了笔，记录青春里的欢笑与泪水，并因此换得更高的报酬和荣光。他的成熟，比初到北京的我，整整提前了一年。

我们在开始飘起雪花的北京，慢慢欣赏着这个美丽的城市。我们在它的上面，为了有一口饭吃，曾经一次次地碰壁，一次次地被人嘲笑，可是它还是温柔地将我们接纳，不仅给我们的胃，以足够的米饭，而且给我们的心，那么切实的慰藉和鼓励。

　　没有残酷，便没有勇气，这是生活教会我的，而我，只是顺手转交给了刚刚成人的弟弟。

问问！你到底有多少抱怨

●冯　梅

　　这是一个再寻常不过的午间，我来到一家公家食堂吃饭。在席间，遇到一位熟悉的长辈，聊起我的近况，我那似乎如祥林嫂般的幽怨便滔滔不绝："上班离家远，开车来回 70 多公里；为避免堵车，6 点起床赶路，晚上 7 点后到家；两份工作同时兼顾，一周休息一天，有时还无法保证，根本没有自己的时间和空间；老公长期在外出差，孩子小，老人体弱，家里家外靠我一人……"长辈和颜悦色地听我说完，然后说："孩子，我给你一个建议——停止你的抱怨！"我霎时愣住了。

　　看出我的疑问，她给我讲了一个故事："多年前，新东方教育集团总裁俞敏洪决心创业时，一无所有。但是他的同窗好友徐小平为了支持他，毅然放弃已经在美国非常优越的生活和工作条件，回国和他一起创业。原因是什么？就是因为俞敏洪曾经在大学时期，为大家默默地打了四年开水！你要知道，任何人做了多少事情，付出了多少，其实人家都是记在心底的，虽然当时不说，但是多年后的记得，就是一笔宝贵的财富！"

不可否认，当时的我，醍醐灌顶！这是我自认为30多年来吃过的最香甜的一顿饭——普通的饭菜，却让我吃出了眼泪的味道。那眼泪里，有感动，更有惭愧。反思我今天的生活和工作状态，我真的就那么苦吗？我真的有那么累吗？我真的需要在每一个人面前去提及我的苦累、我的酸楚、我的不易吗？

事实上，一个人成天把抱怨挂在嘴边，是极其不成熟的表现。这个世界，没有人同情你的苦难，正如没有人能代替你走路一样。你的人生，再苦再难，哪怕淌着泪、滴着血，都要靠自己走过。与其把时间花在抱怨上，不如去踏实走好脚下的每一步。

没有人有时间聆听你的苦痛，更没有人愿意倾听你的牢骚，更多人关注的是你选择付出后的结果。那么，换句话说，既然选择了，就停止你的抱怨，否则，你完全可以放弃。为什么要去做那个一边低头赶路，一边又不断心理暗示自己受委屈吃苦的人呢？这样的人，只能给别人留下平庸无能的印象。牢骚满腹，你的事情还要照做，你自认的委屈还要照受，何必花那个冤枉时间一次又一次地提醒自己？

我想到了身边的一位企业老总。他大学一毕业，就进入一家企业，从打字员做起，每天端茶倒水，擦桌子，打字，接待客人，脏活、累活、大家看不上瞧不起的活，都是他的专利。十五年后，他成为了这家国有大型企业的总经理。这期间，有多少辛酸，有多少委屈，有多少苦痛，作为男人的他，只字不提，把工作的每一个细节做好，精准、细致、严谨、高效，优雅转身后的他，终得上层赏识而提拔。

我们常常讨厌平庸的自己，渴望洒脱的人生，所谓"天子呼来不上船，自言臣是酒中仙"。如果你的才华配不上梦想，脚步跟不上目光，所有的任性也不过是一念幻想。自由需要代价，骄傲更需要底气。著名心理学家弗兰克尔说过，一个人在他的信仰上站得越牢固，就越可以自由地把双手伸向与他不同信仰的人。当世的年轻人啊，若想出类拔萃，若想出人头地，先做一只低头默默赶路的鸵鸟！你的付出，不会被淹没；你的才华，不会被吞噬；你，终有一天能用成就证明自己！

不可避免会有焦虑，会有情绪，但我坚持认为，停止抱怨是一个人逐渐强大的典型标志。如果有一天，回头审视曾经走过的路，希望今天的记得，让我们内心升腾起巨大的感动。问问！你到底有多少抱怨呢？你的那些抱怨还需要吗？扔掉那些让自己时常陷入沮丧消沉的情绪吧，以正面积极的心态上路，你一定可以收获更多！

界外功夫

● 陈志宏

近读薄薄的一本《中国画浅说》，合上书本，一个问题出来了——怎样才能画好画？

亘古不变的法则——下苦功夫。遵循古例，先学画法，再求画理，然后，通过"传移摸写"，操练百般武艺，天长日久，自然可以拿出质量上乘的画作来。

习画多年，成一代画匠，也许并非难事，若要做一代画师，却非易事。

匠者学技，师者求艺。技与艺，在某一个路口分了岔，之后两者，越来越远。

技在笔锋墨彩里藏，如林中阳光、草尖露水，只要花足够多的时间，遍地皆可寻见。艺在广阔天地间，万事万物里，像轻拂而过的凉风，可感可触，却难觅芳踪。时间是根长长的丝线，技是吊在线上的珍珠。只要花的时间足够多，吃得苦中苦，方得技中技。

艺却不同，它立于技的基础之上，却自有其独特的生态。求艺，仅凭业内功夫还不够。

宋人彭乘的《墨客挥犀》，通过"正午牡丹"的探讨，颇能说明问题。书中说："欧阳修曾得古画，作牡丹一丛，其下有一猫，有客一见，曰，此正午牡丹。何以明之？其花敷妍而我燥，此日中时花也。猫眼黑睛如线，此正午猫眼也；因猫眼早暮睛圆，正午则如一线。"短短数行，切中要害，赏家之言，值得画者细品。

牡丹和猫乃画中常见，两者相遇在纸上，画家如何表达出正午之意？如果是画匠，自然理不出头绪来，而真正的画师则洞若观火。

画花画猫非难事，画出花与猫在某一特定时刻的独特神韵，却不是光在画界下苦功夫所能做到的。此艺非技，须在画界之外求得。界内苦学再久，用功再深，也难让艺上身。

苏轼也在一篇文章中说到类似现象，谈的是僧维真画人像，理同，趣味相投。文不长，照录如下："吾尝见僧维真画曾鲁公，初不甚似，一日往见公归，而喜甚曰，吾得之矣。乃与眉后加三纹，隐跃可见，作仰首上视，眉扬而额蹙者，遂大似。"

僧维真画曾鲁公，起初不得要领，画作缺乏一种神韵，少了一种感觉。然而，只在画中人额上添上三纹，作抬头仰视状，就极为相似。若是找不到"眉后三纹"，再怎么使劲，都难绘出曾鲁公的韵味，"大似"则无从谈起。捕获到这"三纹"，不靠画技，而是观察之功。

画龙，点其睛，龙就活过来了；画人，捉其神，人就跃然纸上。人的神韵在何处？画谱里找不着，古画里也寻不见，一切皆在画界外。

真正的画师，胸有成竹，不会老惦记画谱，拘泥于画法。只有画匠才会在画技上斤斤计较，原地打转，转不出大气场和大格局。

诗家有云：功夫在诗外。画亦如是，功夫在画外。推而广之，哪行哪业，又不是这样呢？

坐了十年冷板凳，有技压身，做起文章来，自然不会句句空。勤学苦练多年，艺高人胆大，拼到最后，非才非学非技，而是界外功夫。

界内学技，成一匠之功，依法依规，有理有据，但终难成趣；只有在广阔的界外，摸爬滚打，下足功夫，方能攀登艺之高峰。

何为界外？

眼光、心胸、感情、品性和德行等等，诸如此类，这些是一根根无形的线，牵引着艺人朝着光明大道而去。

回到开头那个问题上来，如何才能画好画？

——身在五行中，跳出三界外；界内打基础，界外下功夫。

只是断了一根琴弦

● 崔修建

在巴黎举办的一场大型音乐会上，人们正如痴如醉地倾听著名的小提琴家欧尔·布里美妙绝伦的演奏。突然，正全神贯注的布里心一颤——他发现小提琴的一根弦断了。但迟疑没有超过两秒，他便像什么事情都没有发生似的，继续面带微笑地一曲接一曲地演奏。观众们和布里一起沉浸在那些优美的旋律当中，整场音乐会非常成功。

终场时，欧尔·布里兴奋地高高举起小提琴谢幕，那根断掉的琴弦在半空中很醒目地飘荡着。全场观众们惊讶而钦佩地报以更为热烈的掌声，向这位处变不惊、技艺高超的音乐家致以深深的敬意。

面对记者的"何以能够保持如此镇定"的提问，欧尔·布里一脸轻松地道，"其实那也没什么，只不过是断了一根琴弦，我还可以用剩下的琴弦继续演奏啊。这就像我们熟悉的许多遭遇不幸的人生，依然可以是美丽无憾的。"

布里睿智的回答与他卓然的表演一样精彩——"只不过是断

了一根琴弦"，向世人传递的是从容，是乐观，是洒脱，是心头不肯失落的信念，是命运在握的强者充满自信的宣言，是坦然前行的智者面对岁月中那些风雷电雨自豪的回应。

没错，在我们每个人的生命旅途中，类似断弦的事情经常会发生，但只要那人沉着、冷静，从容地面对突然的变故，他的目光不为已经断掉的琴弦所左右，他的心绪不被断掉的琴弦缠绕，而是把更多的目光投向手中的琴，相信自己的演技，依然满怀热情地去演奏，他就仍可以继续演奏出美妙无比的乐章。失聪的贝多芬、又盲又聋的海伦·凯勒、被"幽禁"在轮椅上的史铁生等等，许许多多被上帝无意间弄断了"琴弦"的古今中外的强者，都没有被突如其来的断弦所困扰，而是更加珍惜命运赐予的一次次演奏机会，用坚强和执著赢得了无愧于生命的热烈掌声。

当然，现实生活中，也有不少人因过于看重那些所谓的挫折和失败，总是难以摆脱那些不幸的阴影，进而人为地放大了悲观、失落甚至绝望，陷入痛苦的泥潭中难以自拔。在这些人眼里，似乎一根琴弦断掉了，人生便再不可能有动人的旋律了。于是，他们在怨天尤人中一天天地黯淡了本该是光彩亮丽的生命。其实，很多的时候，人们只不过是打碎了一个鸡蛋，并没有失去整个养鸡场。毫无理由地肆意夸大自己的那一点点的不幸，就像盯住了白纸上一个墨点，让自己看不到前面的目标，忘却了脚下的道路，消减了继续前行的热情和勇气。

遭遇不如意是人生中再正常不过的事情了，失学、失恋、失业等等，数不清的意料之中和意料之外的失败，随时都可能降临到每个人头上，但很多时候，都"只不过是断了一根琴弦"，无需慌乱，更无需过多地悲观和伤感。须知：我们手里毕竟还握着另外一些琴弦，况且我们还有修复断弦的机会。只要愿意，只要肯努力，我们依然可以也完全能够继续演奏出心中期待的旋律。就像那位哲人的忠告——"上帝向你关上了门，但会向你开启另一扇窗。"没有谁能够真正地打败你，除非你自己倒下了。

谁是那个设置障碍的人

● 刘玉秋

人生在世，事业有成是共同的梦想。

"成功"两个字，写起来容易做起来难。对于成功，人们总是习惯性地归结到天赋和机遇上，却忽视了至关重要的一环：人自身的因素。

在我身边有一个真实的故事。

我有两个表哥，姑家的表哥叫杰，姨家的表哥叫伟。两个表哥相差不到两个月，都生于上世纪 70 年代初。杰聪明机智、能言善辩，伟天资平庸、木讷寡言。

打上学开始，杰便出类拔萃，前景被老师和同学一致看好；伟虽然很努力很勤奋，却一路平平淡淡，始终充当跑龙套的角色。

高考时，杰不负众望，如愿以偿考上省城一所名牌大学。伟跌跌撞撞，考上了一所中专，总算没有名落孙山。巧合的是，两个人学的都是理工类，读的又都是"精密铸造"专业。

毕业后，杰和伟竟同被分配到县里的一家国企，杰是厂里的技术员，伟是车间工人。

出身名牌大学的杰器宇轩昂，是全厂的骄傲，也是领导心目中的技术权威。相貌平平的伟，沉默寡言，在同事眼中，没有丝毫过人之处。

杰踌躇满志，在众星捧月的氛围中，他有些飘浮了。伟则忙里偷闲，借来杰读大学时的整套教材，不吭不响地躲到一边学习。同事们相约外出喝酒，他从不为所动。于是，就有人背地里说伟"榆木疙瘩"，讥笑他："笨得跟鸭子似的，读再多书有什么用？"伟听了，只是一笑了之。

杰鹤立鸡群，渐渐地，他不满足于在这个小企业里混了。他觉得，把大好时光抛洒到这巴掌大的天地里，无异于挥霍青春。于是，辞了职，打起行囊，独自到南方的一座大城市闯荡。工厂里的同事都说："杰脑子灵光，一肚子学问，浪费了实在可惜，应该去更好的地方发展。"

杰走了，给厂里留下"后遗症"在所难免。一天，在生产过程中，遇到了一个技术障碍，大伙我看看你，你看看我，都一筹莫展，不约而同地念叨杰的好处："唉，要是杰在，还不是小菜一碟，三下两下就摆平了，咱厂子小，留不住这么好的人才啊……"

这时，有人提议："要不叫伟试一试，好歹人家也是正儿八经的中专生啊。""他？"有人摇头，有人不屑地笑。不过，领导实在想不出更好的办法，最后还是把伟叫了过来。

这么多人围观，伟一下子成了焦点。他有些受宠若惊，显然很紧张。他找来工具，笨拙地调调这、动动那，额头上的汗珠很快就冒出来了。他的每一个动作，几乎都能引来人们的窃笑。

大半天过去了，就在人们心灰意冷的时候，经过伟的反复推敲和尝试，机器居然恢复正常，"轰隆隆"地运转起来了。笨模笨样的伟，竟然创造了奇迹，车间里一片欢腾。

那一刻，伟成了英雄。有人说："虽然伟只是个小中专生，但肚子里多少有点东西，就比啥也不会强。"伟脸涨得通红，不好意思地咧嘴一笑："嘿，这回瞎猫碰着死耗子了，叫大家跟着等这么久，真不好意思……"

打那以后，车间再遇到技术障碍，领导就会找伟。伟也不负众望，一次次都在磕磕绊绊中把问题解决了。

伟勤奋，有钻劲儿，他利用4年的时间，参加了自学考试，拿到了心仪已久的大学毕业证书。这期间，杰跳了4次槽，他先后干过文员、推销员和临时记者，每一次都是在郁闷和失望中离开。他有些忿忿不平，认为自己不应该混得这么差，确切地说，他觉得自己怀才不遇。

又过了两年，伟所在的工厂破产了。为了养家糊口，伟赶鸭子上架，开起了一个小门店，主要是招揽金属农具的粗加工业务，性质和铁匠铺差不多。由于伟能吃苦，人实在，活儿又做得漂亮，所以生意居然很红火。而杰依旧无休止地纠缠在跳槽漩涡里，跳槽，再跳槽……始终找不到自己的落脚点。

伟一步一个脚印，"蛋糕"滚雪球似的越做越大。5年后，伟居然注册了公司，正经八百地当起老板，干的还是精密铸造的老本行。

杰似乎一直在走霉运，干什么都不顺，钱没挣多少，单位却已经换了十来个。他陆陆续续听到伟的消息，突然有些后悔，后悔自己这些年来荒废了学业。他觉得，大学里所学的专业知识，才是自己依托的广阔天地。

伟听说了杰的情况，便给杰打电话："如果你不嫌弃的话，就回老家，咱哥俩一块干吧。"杰婉言拒绝了。伟没再勉强，他清楚地知道，以杰的性格，即便心里愿意，最终也不会低下高贵的头颅，选择给自己打工。

一天，杰表哥和我打电话。在电话里，他大声抱怨："你说，我那么出类拔萃，为什么却不如平平庸庸的伟运气好？"

我没有回答。我想，这件事不是三言两语就能说明白的。

杰表哥一直觉得自己怀才不遇，他把原因归结到运气上。他或许从来就没有想过，在前进的道路上，自己一次又一次被绊倒，其实，绊倒他的，不是运气、不是别人，——那个设置障碍的人，恰恰是他自己。

对手，我们的另一只翅膀

● 澜　涛

　　"对手"这个词，让人们想到的常常是剑拔弩张、针锋相对，甚至是水火不容、血腥厮杀。

　　有这样一个案子，一名女教师爱上了女友的恋人，但苦于女友和其恋人恩爱缠绵，无隙可乘，她觉得自己爱情的不幸都是因为女友的存在，只有打败女友才可能赢得爱情的青睐，她悄悄地在女友的水杯中下毒，幻想着能够在毒死女友后雀占凤巢。虽然女教师的女友抢救及时逃过死劫，女教师也受到了应有的惩罚，但女教师对"对手"痛下毒手的寒气仍令闻者胆寒。还有一个悲剧，一对本来十分要好的同事，因为竞聘同一个岗位，双方开始散布对对方不利的谣言，继而发展成诽谤打击和报复，最后两人双双落选……

　　似乎，对手间注定只能成为两把对峙的刀子，总是要胜败分晓，获胜者光彩无限，落败者黯然神伤。

　　是啊，当利益的蛋糕只能二饱其一，当梦想的巅峰只能立足一人，想要胜出，必须要超越对手。可是，在你死我活之外，难道就真的再没有其他空间来安放那些美丽与温暖了吗？

美国人兰斯·阿姆斯特朗堪称运动天才，他虽然因为身患癌症切除了一侧睾丸，但并没有影响他在世界自行车运动上的统治地位。2001 年环法自行车大赛上，阿姆斯特朗和最具威胁的竞争对手乌尔里奇在一个艰苦的爬坡赛段突出大部队，紧咬着骑向最后的山峰。突然，骑在后面的乌尔里奇连人带车冲到路边的山沟里。骑在前面的阿姆斯特朗发觉后，没有绝尘而去，而是停了下来，等待乌尔里奇赶上来后，两个人手拉着手并肩骑行了一段后，在确定乌尔里奇没有受伤后，两个人才开始发力竞技。岁月流转，两年后的环法自行车赛进入最后一个赛段，乌尔里奇已经将他和阿姆斯特朗的之间的距离缩短到 15 秒，多年渴望的胜利就在眼前，突然，意外发生了，阿姆斯特朗被路边观众手中的袋子刮倒。观众惊呼、惋叹。这时，骑在前面的乌尔里奇慢下了速度，一直等到阿姆斯特朗爬起、赶上来，两个人才再次发力冲刺。绝唱，从环法自行车赛道上嘹亮到世界的每个角落。

原来，对手还可以惺惺相惜；原来，真正的胜利不是战胜对手。

三国时期，当周瑜慨叹着"既生瑜，何生亮"绝世而去，万民悲痛的江东在泪水中响起要把气死周瑜的诸葛亮千刀万剐的呐喊。而诸葛亮则因失去一个优秀的对手悲痛异常，他执意要去江东祭送周瑜。当诸葛亮不顾生死赶到江东，他在周瑜灵前肝肠寸断的哭声，感天撼地的哀鸣，让江东所有将士的手都离开了剑柄，让所有的心都懂得了，对手亦是知音，一损连着一痛；对手也是绝配，一去伤着一留。

是血光相向？还是骨肉打磨？如何看待对手，潜藏着我们如何看待世界和自身的目光。

光影随行，我们的视线落在哪里？

我们只能看到半个月亮，谁都不知道另一半月亮藏着什么。或许是置人于死地的血腥，或许是澎湃风采的浪潮；或许是水火不容的狰狞，或许是水涨船高的跌宕。只有眼里有光的人，才可能领略到更多的明媚；只有心中有爱的人，才能够赢得更多的温暖。

在激烈的竞争中，胸怀开阔，不徒劳气怒，而是守住生命中那些关于爱、温暖和向上的本源，然后不断剔除狭隘、私欲与冷漠，对手便可以成为我们飞翔的另一只翅膀，输赢便可一样地俯仰天地。